# Travel Schedule
여행 일정

KB237992

# MEMO

끄적 끄적

주머니에 쏙! 가벼운 발걸음!
GO Happy Tour
발리
Bali
수마트라 섬
인도네시아
슬라웨시 섬
자바 섬
자카르타
발리 섬
혜지원

# 이 책을 보는 방법
## How to Use This Book

이 책은 크게 지역별 소개와 여행정보 두 부분으로 나뉘어져 있습니다. 지역별 소개 부분에서는 발리를 우부드, 쿠타, 덴파사르 및 중부, 동부, 북부 지역으로 나누어 각 지역의 교통정보와 지도를 소개하고, 각 지역은 또 네 개의 소단원으로 나누어 가장 인기 있는 명소, 쇼핑, 식당, 숙소를 소개하였습니다.

이밖에 쇼핑과 맛집 탐방을 좋아하는 분들을 위해 가장 맛있는 맛집과 특이한 제품들을 파는 가게들을 두루 수록하였습니다. 이 책과 함께라면 발리를 자유롭게 누비는데 충분할 것입니다.

여행정보 부분에서는 최대한 독자를 고려하여 현지 교통, 유의할 점 등 필수 정보와 함께 실용 현지어 회화를 실어 누구든지 쉽게 발리 여행을 할 수 있도록 하였습니다. 또한 발리의 유명한 춤에는 어떤 것이 있는지 간단히 설명하여 감상할 때 도움이 되도록 하였습니다.

여행 중에 필요한 정보를 쉽게 찾을 수 있도록 관광명소, 상점, 식당, 숙소 순서로 전화, 팩스, 주소, 홈페이지, 오픈시간, 폐장시간, 교통 등이 포함된 기본 자료를 수록하였고 쉽게 알아볼 수 있도록 다음과 같은 범례를 사용하였습니다.

| | | |
|---|---|---|
| 🔵 지도페이지 & 좌표 | 🔵 팩스 | 🔵 홈페이지 |
| 🔵 교통 | 🔵 개장시간 | @ E-mail |
| 🔵 주소 | 🔵 휴관일 | |
| 🔵 전화 | 🔵 가격 | |

이 책에 사용된 가격은 인도네시아 루피아(Rp.)와 달러($)를 기준으로 하였습니다. 1Rp.는 우리나라 돈으로 약 0.1원입니다. 책에 수록된 자료(교통, 비용, 오픈시간, 주소, 전화 등)은 2008년 1월 이전 기준이며 비용부분은 변동되기 쉬우니 유의하시기 바랍니다.

## 발리, 한 권으로 GO!

◉ **가볍고 편안한 크기, 두껍고 무거운 여행서는 BYE BYE!**
크기 10×21cm, 무게 200g, 편안하고 부담이 없어 주머니든 가방이든 어디에도 OK!!

◉ **만족스러운 정보들이 ALL IN ONE!**
알짜 정보만 모아서 꼭 가보아야 할 관광명소, 맛보아야 할 음식, 쇼핑할 곳에 대해 전부 모아 놓았습니다.

◉ **효율적인 구성으로 언제 어디서든 쉽게 찾아 사용한다!**
각 지역을 장과 절로 나누고 지도를 수록하여 필요한 정보를 쉽게 찾을 수 있습니다.

◉ **관광명소+식당+쇼핑+숙소, 나도 이제 여행전문가!**
책에 수록된 곳을 스스로 선택하여 자신이 원하는 완벽한 여행계획(2박 3일, 4박 5일)을 짤 수 있습니다.

◉ **여행 필수 품목 No.1!**
참신하고 예쁜 디자인, 한손에 쏙 들어가는 사이즈, 비닐 표지로 싸여있어 어디든지 들고 다닐 수 있습니다.

지역 명칭

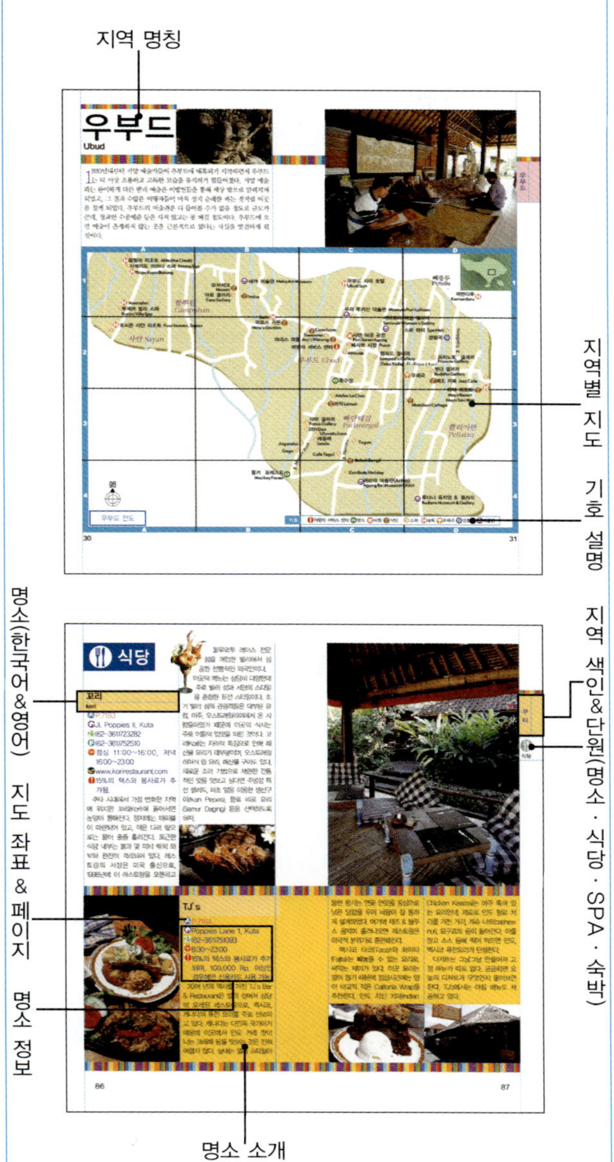

지역별 지도

기호 설명

지역 색인&단원(명소·식당·SPA·숙박)

명소(한국어&영어)

지도 좌표 & 페이지

명소 정보

명소 소개

 # 쿠타 Kuta

명소 : 쿠타, 사누르, 짐바란, 누사두아, 울루와투 절벽 사원
쇼핑 : 쿠타 갤러리아&아티스트 커뮤니티, 마리오 실버, 세린, 다야, ADA, 카리스마, Cik Cak, 아시아 라인, 아디스 실버, Pupavida, Katak, Vertigo, 발리꾸, 디자야, 마피라, 라이언, 에바노
식당 : 꼬리, TJ's, 카페 와리산, 게이트웨이 오브 인디아, 하나, 파파스 카페, 파비오, 더 발코니, 스파고, 고끼, 짐바란 해변 해산물 식당, 붐부 발리
SPA : 나탈리 스파, 포시즌 짐바란 스파, 탈라쏘 스파, 만다라 스파, 자무 스파, 웰빙 스파
숙박 : 포시즌 짐바란 리조트, 짐바란 리츠칼튼 리조트, Bali Impian Pool Suite & Jacuzzi Suite, Villa bali Impian, Villa Bukit Hideaway, Uluwatu Surf Villa, Villa Sanur Valia, Rumah Bali Villa

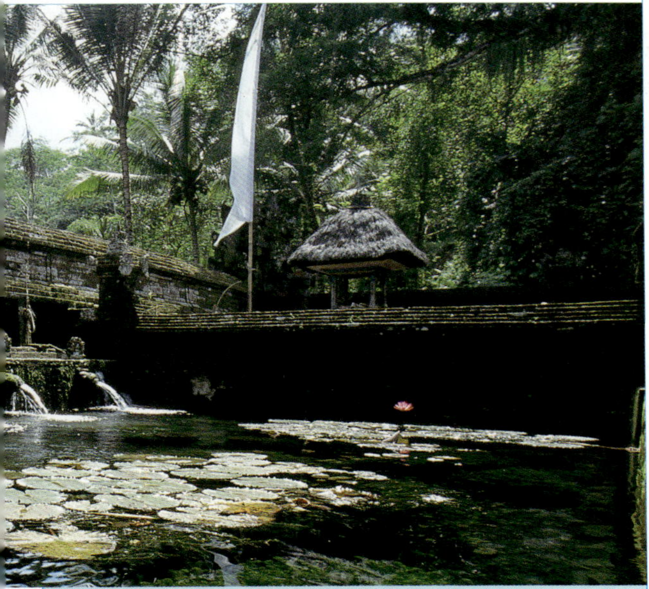

## 162 발리 여행정보 Information

### 지도색인



### 기타



## 176 여행 회화 Travel Conversation

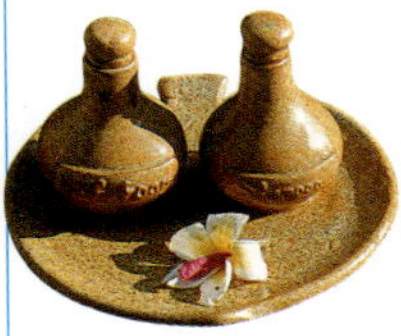

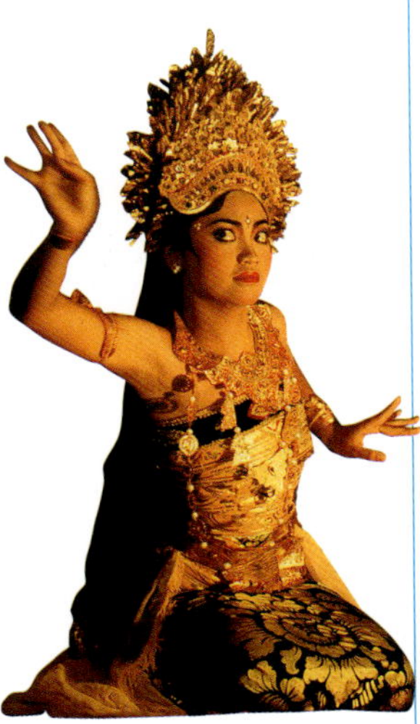

# 발리, Let's GO!

## 가장 인기 있는 6가지 여행 방법

### 방법 1  뛰어난 품격의 SPA 체험

전통적이면서도 신비한 효능을 지닌 발리의 스파 요법은 머리부터 발끝까지 세심하게 관리해주어 몸과 마음이 젊고 활력 있게 변하도록 해준다.

### 방법 2  전 세계의 미식 요리 맛보기

여러 나라에서 온 관광객들이 발리 섬에 정착하면서 고향의 맛을 그리워하다가 이탈리아, 프랑스, 일본, 멕시코, 중국, 인도 등 각 나라별 레스토랑을 오픈하였다. 관광객들은 여기서 입과 배를 행복하게 채울 수 있다.

### 방법 3  쇼핑의 즐거움

발리 섬에는 소박한 예술품과 수공예품을 쉽게 구할 수 있어 전 세계 여행객들의 사랑을 받고 있다. 스카프, 날염 천, 잡화, 보석, 가구, 골동품, 편직물, 목공예품 등 사고 싶은 물건들로 가득하다.

### 방법 4  특색있는 빌라에서 휴가 보내기

수영장이 딸린 단독 빌라, 우아한 레저 시설! 빌라에 머무는 것은 발리 섬을 찾는 여행자들이 가장 꿈꾸는 것 중의 하나이다. 왕실 귀족들처럼 호화로운 휴가를 이곳에서 보낼 수 있다.

### 방법 5  석양이 물든 아름다운 해변에서의 한가로운 산책

발리 섬의 석양과 해변은 절대적으로 아름다운 풍경을 자랑한다. 수상 레저를 좋아하는 사람들은 서핑, 물놀이를 즐길 수 있고 해변에 앉아 석양을 감상하거나, 연인과 손을 잡고 해변을 느릿느릿 산책해도 좋다.

### 방법 6  자연 비경(秘境)으로 떠나는 모험

도시의 먼지로부터 떠나고 싶다면 동부와 북부는 탐험에 적당한 곳이다. 깊은 산속의 신비로운 사원을 찾거나, 배를 타고 돌고래의 흔적을 찾는 등의 모험은 드문 체험이 될 것이다.

# 여행 달인의 추천 루트
## 발리 섬 2박 3일 코스

**DAY1** : 울루와투 절벽 사원에서 석양 감상 ▶ 짐바란에서 해산물 식사 ▶ 쿠타에서 화려한 밤 문화 체험

**DAY2** : SPA 체험 ▶ 레기안과 스미냑에서 쇼핑 ▶ 바다사원에서 석양 감상

**DAY3** : 바투불란에서 바롱 댄스 감상, 수공예품 쇼핑 ▶ 우부드에서 맛있는 식사

# 발리 섬의 로맨틱한
## 2박 3일 코스

**DAY1** : 선착장에서 호화 유람선을 타고 바다 위에서 석양 감상 ▶ 저녁 식사 ▶ 호텔에서 휴식

**DAY2** : 우부드 예술 여행 ▶ 우부드 왕궁에서 발리 전통 댄스 감상 ▶ SPA에서 몸과 마음의 휴식 ▶ 쿠타에서 맛있는 요리를 먹고 바에서 밤 문화 체험

**DAY3** : 빌라 또는 호텔의 시설 체험 ▶ 쿠타에서 쇼핑 ▶ 귀국

멘장안 섬
Menjangan Island
발리 해
로비나 Lo
세리릿
Seririt
반자르 온천
Banjar Hot Spring
서부 국립 공원
발리 해협
인도양
타나롯 t
메르디앙 리조트 Le M
N
N
기호 명소 사원 자연경관 스파 숙박
A
B
1
2
3
4

발리섬 전도
C
D
싱가라자
Singaraja
하디 아트 스튜디오
hn Hardi Art Studio
바투르 산 Batur
부얌 호수
탐브링간 호수
브라탄 호수 Lake Bratan
룬 사원
브두굴 Bedugul
Ulun
트루얀 마을
Truyan
아궁 산 Gulung Agung
바구스 자띠
Bagus Jati
베사키 사원 Pura Besakih
티르타 음풀 사원 Pura Tirta Empul
케헨 사원 Pura Kehen
방리 Bangli
다비 공원
원숭이 숲 Sangeh
우부드
고아 가자 Goa Gajah
퉁아난 Tenganan
블리아탄
eliatan
Sayan
구나르사 박물관 Gunarsa Museum
우부드 원숭이 숲
Bedulu
클룬쿵 Klungkung
멍위
타만 아윤 사원
마스 Mas
기아냐르 Gianyar
룸복 해협
Lombok Strait
촐룩 Celuk
고아라와 사원 Pura Goa Lawah
새 공원
바투불란 Batubulan
바둥 해협 Badung Strait
스미냑
minyhak
덴파사르 Denpasar
사누르 Sanur
렘봉안 섬 Lembongan Island
레기안 Legian
쿠타 Kuta
데공항
탄정 베노아
짐바란
Tanjung Benoa
imbaran
페니다 섬
Penida Island
누사두아 Nusa Dua
울루와투 절벽 사원
Pura Luhur Uluwatu

11

# 부드럽고 아름다운

# 신성한 춤

**발**리 섬의 춤과 종교는 불가분의 관계이다. 발리 사람들은 영혼의 진화를 원하고 윤회의 고통은 원하지 않는다. 도를 닦는 수행이 소홀하였거나 잠깐 정지됨으로 인해 내세에서 고통을 받는 것을 원하지 않기 때문에 이들은 크고 작은 사원의 의식, 예를 들어 사원 예식, 혼례, 화장, 가묘 의식 등에 빠지지 않고 참여하며, 춤과 음악을 통해 신들을 모신다.

그래서 춤의 내용은 대부분 종교와 관련된 전설에서 비롯된 경우가 많다. 여성 댄서는 몸의 곡선을 드

러내는 딱 달라붙는 금색 비단옷을 입고, 자신을 공물인양 신 앞에 바친다. 춤은 발리 섬의 사람들에게 단지 즐기기 위한 오락이 아니라 신과 소통하는 통로라고 할 수 있다.

볼수록 매력적인 것은, 이 신에게 선과 악이라는 두 가지 속성이 내포되어 있다는 점이다. 발리 사람들은 선악이 공존한다는 사실을 명확하게 파악하고 담담하게 받아들인다. 대부분의 춤에서는 악귀가 중요한 역할을 맡고 있으며, 악귀의 신통력을 과장하여 부각시키고 있다. 관광객들이 일반적으로 많이 감상하게 되는 바롱 댄스(Barong)는 악귀에게 재앙이 내려 없어졌다는 일반적인 권선징악적 결론이 아니라 선악이 영원히 대치된다는 것으로 끝이 나는데, 바로 발리 댄스의 정신을 보여주는 대표적인 예다.

또한 빙빙 돌리는 손목과 눈동자 굴리기는 발리 댄스의 핵심이다. 공연은 큰 동작 없이 상징적인 자세로 진행된다. 댄서가 옆으로 가는 동작이 어쩌면 도약일 수도 있고, 손으로 가리키는 동작은 나는 새를 나타낼지도 모른다. 상상력을 가지고 공연에 몰입하도록 하자. 발리 사람들은 일찍부터 자신의 상상력을 발휘하여 공연을 감상하는 것에 익숙해져 있어 댄스를 여러 차례 감상했음에도 불구하고 여전히 즐겨 보고 있다.

무대를 빛내는 댄서와 악사들은 모두 어릴 때부터 자기 부모나 스승으로부터 혹독한 훈련을 받은 전문가들이다. 발리 섬의 아이들은 모두 음악으로 충만한 어린 시절을 보내게 되는데, 음악과 춤을 큰 스트레스 없이 즐기면서 배운다고 하니 아주 부러울 따름이다.

# 반드시 봐야 할 13가지 춤

## 01 레공 댄스
### Legong

우아한 레공 댄스는 댄서들이 특히 좋아하는 춤이다. 원래는 신선세계의 춤이었다고 하니 이 춤이 얼마나 아름다울지 상상해볼 수 있다.

전체적으로 추상적인 사지 동작을 강조하여 무슨 내용인지 감을 잡을 수 없기도 하지만, 화려한 의상은 단연 시각적인 즐거움을 제공해주고 있다.

레공 댄스는 다양한 형태로 나뉜다. 그 중 가장 유명한 것은 바로 레공 크라톤(Legong Keraton)이다. 많은 사람들은 3명의 여성 댄서들의 화려한 춤 동작에 매료되어 깊은 인상을 받게 된다. 레공(Legong)의 'Leg'는 '우아하고 민첩한 춤 동작'을 의미하며 'Gong'은 궁전이라는 의미의 음역인데, 인도네시아 자바어로 크라톤(Keraton)이라고 한다. 즉, 레공 크라톤은 '궁전에서 공연되는 우아한 춤'이라는 뜻이다. 하지만 오늘날 발리 사람들은 레공 크라톤을 오락적인 댄스로 여기고 있으며, 더 이상 궁전에서만 공연되지 않는다. 원래 이 댄스의 내용은 아주 길었으나, 지금은 관광객들에게 적합하도록 짧게 바뀌었다. 주로 우부드 아르마 미술관(ARMA), Gunung Sari Peliatan 악단 반주의 Peliatan Village 등에서 공연된다.

공연은 대개 3명의 젊은 여성들에 의해 진행된다. 그 중 한 명은 궁녀 촌동(Condong)이고, 나머지 두 명은 황궁 출신의 레공(legong)이다. 전체 공연은 몇 단계의 이야기 구조를 가지고 있는데, 그중 가장 유명한 것은 랏삼 국왕의 이야기이다. 랏삼 국왕은 란케사리(Langkesari) 공주를 납치하였는데 공주의 오빠가 그녀를 구하러 온다는 사실을 알고 직접 그를 저

## 02 토펭 댄스
### Topeng

토펭(Topeng : 가면 댄스)은 흔히 볼 수 있는 춤이다. 가면을 수집하는 사람이라면 발리 섬의 가면의 종류가 30~40여 종에 달한다는 것을 발견할 수 있을 것이다. 이러한 가면들은 모두 토펭 댄스에 사용되기 때문에 사실 공연 중에서 중복된 가면을 다시 보는 것은 쉽지 않다.

발리 섬의 역사 기록에 따르면 토펭 가면 댄스는 기원전 8세기부터 시작되었으며, 원래는 '감부(Gambu)' 역사극이었다고 한다.

발리 사람들은 가면을 쓴 사람이 가면의 성스러운 영혼을 가지게 된다고 믿는다. 가면은 강렬한 캐릭터를 갖고 있는데, 사람들이 가면을 보고 그 역할을 짐작할 수 있을 정도이다. 따라서 춤이 가면을 통해 이야기를 한다고 해도 과언이 아니다. 신통력이 있는 가면을 댄서가 착용하게 되면 실제 댄서는 이 가면이 묘사하는 인물 또는 신처럼 된다고 한다.

그 중에서 우부드에서 볼 수 있는 토펭 두아(Topeng Dua)는 전형적인 가면 춤이다. 공연 중에는 선을

지하러 떠난다. 가는 길에 생각지도 못하게 촌동이 분장한 새의 공격을 받게 되고, 랏삼 왕은 분노하여 새를 죽이게 되는데 이는 피를 부르는 전쟁으로 확대되게 된다.

공연이 시작되면 촌동은 공연의 시작과 함께 바닥에 있는 두 개의 부채를 집어 입장하는 두 명의 댄서 레공에게 나눠준다. 촌동 역할은 기술이 뛰어난 댄서가 맡아서 궁전의 시녀와 새를 표현한다. 그러려면 힘과 기술이 모두 뛰어나야 하는데, 촌동을 맡는 대부분의 댄서가 8세 이하의 여자 어린이라는 점이 놀라울 따름이다.

사실, 과거에 레공 댄스는 다른 춤과 마찬가지로 남성만이 댄스에 참가할 수 있었다. 지금도 발리 섬에서는 여전히 남성 댄서가 대부분이지만 지금은 그들의 기술을 여성 댄서들에게도 전수하고 있다. 예를 들어 타바난(Tabanan) 출신의 댄서 I Ketut Marya(1897~1968)와 현재 발리에서 가장 유명한 댄서인 Made Jalada 등은 모두 춤과 가믈란(Gamelan) 음악 예술 분야에서 두각을 나타낸 댄서들이다. 특히 레공 댄스 분야에서 그는 심오한 댄스를 묘령 이전의 어린이 레공 댄서들에게 전수하여 Anak Agung Inten 등의 훌륭한 댄서를 육성하기도 하였다.

상징하는 백마술(White Magic)과 악을 상징하는 흑마술(Black Magic)이 등장한다. 전자는 아름답고 매혹적인 장면이, 후자에는 사악하고 기괴한 장면들이 나온다. 현명한 노인으로 분장한 댄서는 몸동작만으로 나이 들어 행동이 굼뜨고 힘든 모습을 나타내야 하는데, 얼굴 분장을 보지 않더라도 각 배역의 나이 및 개성을 나타낼 수 있도록 하는 것이 각 댄서들에게는 넘어야 할 도전 과제이다.

발리 섬의 유명한 토펭 가면 댄서 I Ketut Madra는 10살 때부터 다재다능했던 할아버지로부터 눈물 콧물 흘리며 발리 전통의 카마산(Kamasan) 회화를 배웠다고 한다. 1987년부터는 토펭 댄스를 배우기 시작하였고, 지금은 그의 개인 가면박물관에 각종 진귀한 토펭 가면을 전시하고 있다. 매번 토펭 댄스를 추기 전에는 먼저 정성으로 기도를 올린 후에야 정식으로 가면을 쓸 수 있다고 한다.

# 03 케짝 댄스
**Kecak**

다른 댄스와 달리 맑은 가믈란 음악과 짝을 이룬 케짝 댄스(Kecak)의 배경음악은 백 명의 남성이 합창하는 '케짝케짝(Chak-Chak)' 소리이다. 밝았다가 어두웠다가 하는 불기둥과 함께 순식간에 관객들을 괴상한 분위기로 이끈다.

이 기이한 춤은 원래 집단 최면에 의한 종교의식에서 비롯되었다. 1910년대에 동부의 Bona에서는 Pita Maha 예술가 협회의 미술가 Walter Spies의 편성에 따라 변화가 생기게 되었는데, 인도의 서사시 라마야나의 이야기 플롯을 추가하여 케짝 댄스의 명성이 더욱 높아지게 되었고, 더욱 많은 관광객들을 끌어들이게 되었다.

백 명의 남성들이 입을 모아 내는 소리를 들으면 누구도 감동하지 않을 수 없다. 강약이 분명한 리듬과 흔들리는 몸동작은 춤에 쉽게 몰입되게 한다. 케짝 댄스는 틀림없이 훌륭한 선택이 될 것이다.

## 04 바롱 댄스
**Barong**

케짝 댄스(Kecak)와 대등한 춤으로는 유일하게 바롱 댄스(Barong)를 꼽을 수 있다.

바롱 댄스의 두 명의 주인공의 이름은 바롱(Barong)과 랑다(Rangda)이며, 각각 선과 악을 대표한다. 바롱은 중국의 사자춤에 나오는 사자와 비슷하고 안에서 두 사람이 조종한다. 랑다는 눈이 튀어나오고 이빨이 날카로운 마녀인데, 이 둘은 막상막하로 싸우면서 전체 극을 이끌어간다. 클라이맥스에서는 바롱이 랑다의 주문에 걸려 파도 모양의 날카로운 칼로 자해한다. 이때 무대 뒤에 있던 제사장이 성수를 뿌리며 장면을 전환하고, 바롱은 그를 따라 다시 무대에 올라 주술을 풀게 된다.

무대는 댄서들의 피곤한 표정과 함께 막이 내리게 되는데, 바롱과 랑다가 선악 간의 싸움이기 때문에 계속 대치되는 상태로 남겨지며, 누가 승리하는 등의 결론이 없다. 이는 인간 세상에 선과 악이 함께 존재하는 진면목을 그대로 반영한 것으로 많은 사람들에게 깊이 생각할 수 있는 여지를 제공하고 있다.

19

## 오레그 탐불리닝안
**Oleg Tambulilingan**

탐불리닝안(Tambulilingan)은 '큰 나나니벌' 이라는 뜻이다. 1952년에 I Ketut Marya와 여성 댄서 I Gusti Ayu Raka가 창작한 2인조 댄스로, 나나니벌의 구애를 모방한 춤이다. 두 명의 댄서는 무대 위를 이리저리 날아다니며 구애하는 동작을 표현하는데 간단하고 이해하기 쉬운 춤이다.

이 춤은 원래 여성 독무(獨舞)였는데, 나중에 남성 댄서가 추가되어 2인조 댄스가 되면서 러브 스토리가 되었다. 보통 가장 뛰어난 남성 댄서와 가장 아름다운 여성 댄서가 이 역할을 맡기 때문에 사진을 찍으려는 관광객들의 필름이 적잖게 소요된다. 댄스의 전반부는 여성 댄서의 독무대로 우아하면서도 다양한 표정 등이 돋보인다. 남성 댄서가 무대에 오르면 구애하는 안무가 이어지며 댄스의 리듬도 빨라진다. 두 사람의 가볍고도 경쾌한 춤은 마치 발리 판 '로미오와 줄리엣' 을 연상시킨다.

## 케브야르 두두크
**Kebyar Duduk**

발리 섬의 천재 댄서 I Ketut Marya가 창작한 케브야르 두두크 (Kebyar Duduk)는 오늘날 중요한 댄스 공연 중의 하나이다. 거의 대부분의 동작이 회전과 꿇어앉은 동작으로 진행되어 난이도가 매우 높다. 댄서는 악사와 긴밀한 호흡을 유지하면서 춤을 춰야 하는데, 가믈란 악단은 댄서의 이동을 이끌어 나간다. 댄서는 고수(鼓手)의 방향으로 움직이고, 고수는 현을 조이고 풀면서 고음과 저음을 만들어낸다. 추상적인 언어로 관객들과 소통하는 이 춤은 댄서들에게는 가장 어렵다고 할 수 있다. 현재 케브야르 두두크 댄스의 뛰어난 댄서들은 거의 대부분이 여성이다.

## 07 케브야르 트롬퐁
### Kebyar Trompong

이 춤은 I Ketut Marya가 우연히 창작한 것이다. 원래 Marya가 공연 중 Trompong 악기 연주자를 격려하기 위해 같이 연주하기로 하였는데, 이 연주자가 무대에 올라서는 것을 두려워하여 Marya가 직접 북채를 들고 춤을 추면서 악기를 연주했던 것이 지금의 케브야르 트롬퐁으로 발전했다.

이 춤은 Marya 이후에도 전해 내려져오고 있다. 댄서는 반드시 특정 악기의 연주 시간에도 춤을 선보여야 하고 악기는 댄서의 하반신을 가리고 상반신만을 드러내도록 해야 한다. 따라서 댄서는 대부분의 시간 동안에 앉아서 허리를 편 자세로 춤을 완성해야 한다.

현재 이 춤은 대부분 가장 멋지고, 댄스 실력이 좋은 젊은 남성 댄서가 주로 맡고 있다.

바리스는 전사들의 춤으로, 남자들의 기개를 칭송하기 위해 만들어진 춤이다.

독무를 추는 남자 댄서의 머리 위에는 조개껍질로 장식된 삼각 모자가 씌워져 있으며, 부릅뜬 눈, 솟은 어깨, 절름거리는 다리, 게가 걷는 듯한 자세 등으로 전장에 나선 전사의 마음을 표현한다. 자부심, 두려움을 모르는 기개, 진노, 혹은 고통이 춤에서 드러나며 댄서의 손발 움직임에 따라 북소리가 격앙되면 관객들도 흥분하게 된다.

이 춤은 내면을 표현하는 것이기 때문에 댄서는 반드시 다양한 표정과 감정을 표현할 수 있어야 한다. 이로 인해 난이도는 상당히 높은 편이며, 볼거리가 다양하다.



여러 가지 춤을 선보이는 공연장에서 가장 먼저 무대에 오르는 춤은 바로 환영 댄스이다. 환영 댄스는 panyembrahma, Pendet, Garbor 등의 다양한 이름으로 불리기도 하는데, 처음에는 종교 의식 중에 신을 맞이하기 위해 췄던 춤이라고 한다. 후에 점차 의식이 시작될 때 손님을 환영하기 위해 추는 춤으로 변하였다. 몇 명의 여자들이 무대 위에서 똑같은 동작으로 손님을 맞이하는 기쁨을 표현하게 되는데, 클라이맥스에서는 사방으로 생화를 뿌린다. 꽃향기가 가득한 축복은 관중들에게 아주 인기가 있기 때문에 공연장 분위기를 띄우는 댄스로 손꼽힌다.

## 09 자욱
**Jauk**

자욱은 가면 댄스의 일종으로, 주인공은 악귀이다. 부리부리한 두 눈과 기분 나쁘게 웃는 표정은 이 주인공의 주된 표정이다. 악귀의 격노, 비정한 행동 등은 댄서가 표현해야 할 중요한 포인트이다.

가면 댄스에서는 가면을 쓰기 전에 댄서와 가면이 하나가 될 수 있도록 정성껏 기도를 해야 한다는 불문율이 있다. 이는 가면 댄스 공연의 성공여부와 밀접한 관계를 가진다고 한다. 비록 사람들이 좋아하지 않는 악귀의 역할을 맡는다 하더라도 이러한 기도 과정은 절대 생략할 수 없는 것이다.

## 11 상향 댄스
**Sanghyang**

신비한 느낌의 상향 댄스는 원래 마을에서 악귀를 쫓는 종교 의식이었다. 지금은 무대 위의 춤으로 변형되어 관광객들의 입을 딱 벌어지게 만들고 있다. 생소하지만 그래도 참관하는 마음으로 춤을 감상하면 되겠다.

상향 댄스(Sanghyang)는 상향 데다리(Sanghyang Dedari)와 상향 자란(Sanghyang Jaran) 두 가지로 구분된다. 전자는 춤 훈련을 받지 않은 두 명의 소녀들이 두 눈을 감고 일치된 동작의 레공 댄스를 합동 공연하는 것이며, 후자는 야자수 목마를 탄 소년이 맨발로 타고 있는 야자 껍질 위를 걷는 것이다. 만일의 사고를 대비하여 옆에는 제사장이 앉아 있고, 춤이 끝나면 제사장이 그 위에다가 성수를 끼얹어 댄서의 정신이 돌아오도록 한다.

주의해야 할 점은 입신의 경지에 든 댄서가 춤을 격렬하게 추면서 빨갛게 타고 있는 불똥이 사방으로 튀기도 하기 때문에 언제나 조심해야 한다는 것이다. 만약 발리 섬에서 진정한 상향 댄스를 보고 싶다면 www.indo.com에서 조회해 보도록 한다.

## 12 테루나 자야
### Teruna Jaya

 이 춤은 일종의 '소품' 이기 때문에 관객이 그다지 많지 않다. 하지만 이런 이유로 이 춤이 의미 없다고는 할 수 없다.

 사실 이 춤은 젊은이가 성장 과정 중에 겪게 되는 마음의 변화 등을 표현한 것이다. 댄서는 간단하고도 유려한 동작으로 젊은이 특유의 열정과 활력 등을 표현하고 관객들의 심장을 뛰게 만든다. 각 동작의 의미를 모두 이해할 수 있다고는 말하기 어렵지만, 춤이 표현하고자 하는 의미는 아주 직접적이기 때문에 쉽게 감상할 수 있다. 테루나 자야를 본다면 누구나 이 춤의 대단한 위력을 어렵지 않게 느낄 수 있다.

## 13 와양 쿨리트
### Wayang Kulit

 발리에서 와양 쿨리트(Wayang Kulit) 그림자극은 일반 소시민들에게 가장 인기있는 연극의 일종이다. 공연 내용은 생활과 밀접한 관계를 갖고 있으며, 사람들은 그림자극을 통해서 세상 돌아가는 이야기라든지 정보 등을 교환한다. 이것이 바로 그림자극이 소시민들과 끈끈하게 이어진 주요 원인이라 할 수 있다. 그림자극에서 가장 뛰어난 요소는 사실 모두 무대 뒤에 숨어있다. 등잔 앞에 모여 앉아 인형을 조종하는 다랑(Dalang)은 막후를 움직이는 핵심 인물이다. 형형색색의 양피(羊皮) 인형들은 무대 입장 순서에 따라 그의 양손에 걸려 있다. 그림자극이 시작되면 다랑은 숙련된 솜씨로 등장인물들을 움직이며, 또한 배역에 따라 다른 목소리로 방백을 한다. 뒤에 있는 4인의 소악단(Gender Wayang) 역시 그가 조종하고 있는데, 그의 대사, 노래와 함께 절묘하게 앙상블을 이룬다. 연극 줄거리의 진행과 함께 다랑은 적시에 등불의 명암을 조절하는데, 그 정확성이 놀라울 따름이다. 특히 정통 그림자극의 경우 그 공연시간이 장장 6시간에 이르기도 하는데, 다랑의 놀라운 체력에 혀를 내두를 수밖에 없다. 사람들은 다랑이 초인적인 힘을 가지고 있다고도 한다.

하늘 끝까지 울려 퍼지는 가믈란(Gamelan)

 자바에서 유래된 가믈란(Gamelan)은 발리 춤과 앙상블을 이루는 일종의 교향악이다. 악단은 탄력적으로 조합되는데, 4명이 한 조가 되기도 하고 50명이 되기도 한다. 어떻게 조가 형성되든 간에 모양이 실로폰과 유사한 Gangsa, 징에 해당하는 Kempli, 심벌즈(Cengceng), 북(Trompong) 등 모두 빠져서는 안 되는 중요한 역할을 맡고 있다. 이들을 연주하자면 천지가 진동할 만큼 큰 소리가 난다. 왈츠에 익숙한 서양인들은 이 음악의 웅장함 때문에 놀랄 수도 있겠지만 계속 감상하다 보면 금방 빠져들게 된다. 이러한 마력은 말로는 표현하기 어렵고, 직접 체험해 봐야만 알 수 있다.

# 어디에 가서 공연을 보아야 하나

**발**리 섬에서 정통 댄스 공연을 감상하려면 반드시 우부드에 가야 한다. 우부드에서는 거의 매일 예술 공연이 상연되고 있으며, 비용은 대략 5만 Rp.로, 약 6달러에 해당한다. 특히 우부드 왕궁이나 아르마 미술관, 쁠리아딴(Peliatan) 마을에 가서 레공 댄스를 감상하는 것을 추천한다. 두 시간 반 정도의 공연 중에는 레공 댄스 외에도 I Ketut Marya가 남긴 뛰어난 춤, 환영 댄스, 가믈란, 토펭 가면 댄스 등의 전통 춤을 감상할 수 있다. 댄스 공연 시간은 수시로 변경될 수 있기 때문에 메인 스트리트의 우부드 여행자 서비스센터에 가서 최신 자료를 확인하도록 한다.



## 공연 장소와 프로그램 표

| 공연일 | 댄스 이름 | 공연 장소 | 공연 시간 | 비용(Rp.) |
|---|---|---|---|---|
| 일요일 | Legong of Mahabrata | 우부드 왕궁 Puri Saren | 19:30 | 50,000 |
| | Kecak & Trance | 우부드 Padang Tegal, Kaja Desa | 19:00 | 50,000 |
| | Kecak &Trance | 바투불란 | 18:30 | 50,000 |
| | Wayang Kulit | 우부드 Oka Kartini | 20:00 | 50,000 |
| | Womens Gambelan With Child | 우부드 Peliatan 마을 | 18:45 | 50,000 |
| | The Peliatan Masters (Legong) | 우부드 아르마 미술관 | 19:30 | 50,000 |
| 월요일 | Legong | 우부드 왕궁 | 19:30 | 50,000 |
| | Kecak | Junjungan 마을 | 19:00 | 50,000 |
| | Pendet & Mask | 우부드 Peliatan 마을 Puri Kaleran | 19:30 | 50,000 |
| | Barong & Kris | 우부드 Padang Tegal, Kelod | 19:00 | 50,000 |
| 화요일 | Ramayana Ballet | 우부드 왕궁 | 19:30 | 50,000 |
| | Spirit o Bali | 우부드 Jaba Pura Desa Kutuh | 19:30 | 50,000 |
| | Kecak & Trance | 우부드 Padang Tegal Kelod | 19:30 | 50,000 |
| | Wayang Kulit | 우부드 Monkey Forest Rd. Kerta | 20:00 | 50,000 |
| 수요일 | Legong & Barong | 우부드 왕궁 | 19:30 | 50,000 |
| | Wayang Kulit | 우부드 Oka Kartini Bungalows | 20:00 | 50,000 |
| | Legong & Barong | 우부드 Br. Tengah Peliatan | 18:45 | 50,000 |
| | Kecak & Trance | 우부드 Padang Tega | 19:00 | 50,000 |
| | Kecak & Trance | 바투불란 | 18:30 | 50,000 |
| 목요일 | Gablr | 우부드 왕궁 | 19:30 | 50,000 |
| | Kecak | 우부드 Peliatan 마을 Puri | 19:30 | 50,000 |
| | Calonarang | Mawang 마을 | 19:00 | 50,000 |
| 금요일 | Barong | 우부드 왕궁 | 19:00 | 50,000 |
| | Legong | 우부드 Peliatan 마을 | 19:30 | 50,000 |
| | Kecak & Trance | 우부드 Pura Dalem | 19:30 | 50,000 |
| 토요일 | Legong | 우부드 왕궁 | 19:30 | 50,000 |
| | Calonarang | Mawang 마을 | 19:00 | 50,000 |
| | Legong | 우부드 Pura Dalem Puri | 19:30 | 50,000 |
| | Kecak & Trance | 우부드 Padang Tegal | 19:00 | 50,000 |
| | Wayang Kulit | 우부드 Monkey Forest Rd. Kerta | 20:00 | 50,000 |
| 매월 1일 15일 | Gambuh | Pura Desa Batuan | 19:00 | 50,000 |
| 매월 보름 삭월 | Kecak | 우부드 아르마 미술관 | 19:00 | 50,000 |

# 발리 섬에서 춤 배우기

발리 사람들은 왜 몸매가 좋을까? 이는 화학 성분의 목욕 용품을 사용하지 않는다는 것 외에도 크고 작은 사원에서 늘 운동을 하고 강가에서 목욕을 하며 직접 키운 유기농 야채를 먹는 것들과 관련이 있다. 하지만 가장 중요한 것은 이들에게 춤 문화가 있다는 것이다. 이 섬에서는 지도자에서 평범한 소시민까지 어릴 때부터 자연스럽게 음악 리듬에 맞춰 춤을 배웠기 때문에 춤에 대한 개념과 이해도가 매우 높다. 춤을 추는 것이 생활화되어 있기 때문에 쉽게 살이 찌지 않는다. 따라서 발리 섬에 온다면 꼭 춤을 배워보도록 하자.

발리 섬의 춤을 배우려면 먼저 레공 댄스를 배워야 하는데, 이 춤은 마치 어린 아이가 피아노를 배울 때 바이엘부터 배우는 것과 마찬가지로 발리 댄스의 기본 동작이자 근육의 기본을 다지는데 초급 교본이 된다.

하지만 기본 동작이라고는 해도 그것을 배우는 과정은 결코 만만치 않다. 레공 댄스의 촌동(Condong)을 예로 들면, 얼굴 근육부터 손, 발, 손가락의 감각을 연습해야 하고, 각 용어의 의미하는 바를 반드시 기억해야 한다.

그리고 몇 개의 동작, 예를 들어 양쪽 어깨를 나란히 드는 동작은 중심을 몸의 오른쪽으로 옮겨야 해서 상당히 어렵다. 더욱 힘든 것은 양 다리와 양 팔이 저리는 와중에도 눈을 굴리고 손에 쥔 부채를 움직여야 한다는 것이다. 그러면서도 얼굴 표정을 엄숙하게 유지해야 하고, 미소를 짓되 치아는 보이지 않도록 유지해야 한다.

## Pondok Abangon 문화 교실

- Jalan Raya Ubud ,Gianyar, Bali
- (62-361)971914
- 0134-24-1085
- 2시간에 40달러, 난이도에 따라 수업 시간이 조절되며 이미 댄스 기초가 있는 사람에게 적합하다.
- 영어 가능

STSI 학교장이 설립한 사립 학원으로, 그의 아내 Ibu Sri 역시 STSI의 무용과 교수이다. 그녀는 각 연령대의 여성들이 댄스 능력을 발휘할 수 있도록 교실을 만들고 가믈란 음악과 함께 춤을 추는 것을 가르치고 있다.

## I Ketut Kodi & Ida Ayu Made Diastini

- Br. Mukti Singapadu Sukawati, Gianyar
- (62-361)295325
- 2시간에 20달러
- 영어 가능

교습 장소는 I Ketut Kodi & Ida Ayu Made Diastini의 집으로 Singapadu 근처에 위치한다. 레공 댄스부터 토펭 가면 댄스까지 다양하게 배울 수 있으며 가면 제작 과정도 참관할 수 있다.

## Ketut Madra

- Jln Arjuna No.7, Ubud
- (62-361)975749
- 2시간에 200,000Rp.(재료비 비포함)
- 인도네시아어 위주

Ketut Madra는 토펭 댄스, 가믈란 음악, 대나무 가믈란, Rebab 악기 등을 가르친다. 진정한 토펭 댄스를 배우기 위해서는 매일 적어도 2~3시간 연습하여 6개월 정도를 배워야 하며, 1개월 동안 댄스의 기본 동작과 약간의 춤을 배울 수 있다고 한다. 이곳에서는 학생 기숙사를 제공하며, 방세는 따로 계산된다.

## Ibu Coin and Rika 무용 작업실

- Jl. Raya , Ubud, Oka Kartini Bungalows
- (62-361)975193, 975624
- (62-361)975759
- 2시간에 350,000Rp.
- ekakartini@hotmail.com
- 영어 가능

댄서 A.A.Ayu Rita Dewi와 Ibu Coin은 유창한 영어를 구사한다. 그녀들은 각각 우부드에서 가장 뛰어난 Gunung Sari Peliatan과 아르마 미술관에서 공연을 하는 댄서들이며, 그곳에 가면 그녀들의 춤을 볼 수 있다.

## Wayan Karta

- Jalan Raya, Ubud
- (62-361)975459
- 2시간에 30달러. 분장, 전통 복장, 기초 댄스 포함
- www.matahariubud.com
- 영어 가능

Wayan Karta 작업실은 작은 촌락의 발리 섬 민가 내에 있다. 학생들은 모두 Wayan Karta 선생과 1대 1로 교습을 받을 수 있다. Wayan Karta 선생은 특히 남성 댄스에 뛰어난데, 3살부터 음악가인 아버지를 따라 가믈란 악기를 배우고 5세에는 춤을 배우기 시작했다고 한다. 현재 그는 중학교에서 그림과 춤을 가르치고 있으며 외국 예술 대학들의 요청으로 강의도 나간다고 한다.

우붓
Ubud

# 우부드

## Ubud

1930년대부터 서양 예술가들이 우부드에 매혹되기 시작하면서 우부드는 더 이상 조용하고 고독한 모습을 유지하기 힘들어졌다. 서양 예술과는 판이하게 다른 발리 예술은 이방인들을 통해 세상 밖으로 알려지게 되었고, 그 결과 수많은 여행자들이 마치 성지 순례를 하는 것처럼 이곳을 찾게 되었다. 우부드의 미술관은 다 돌아볼 수가 없을 정도로 규모가 큰데, 정교한 수공예품 등은 사지 않고는 못 배길 정도이다. 우부드에 오면 예술이 존재하지 않는 곳은 근본적으로 없다는 사실을 발견하게 될 것이다.

C
D
우부드 사리 호텔
Ubud Sari
빼뚤루
Petulu
까만다루
Kamandaru
1
푸리 루키산 미술관 Museum Puri Lukisan
세티와티 여성 갤러리
Seniwati Women's Gallrry
Casa Luna
sures
Warung
스파 하티 Spa Hati
경찰국
사렌 아궁 궁전
Puri Saren Agung
빠사르 시장 Pasar
Jl. Tegallalang
비스 센터
Attitude
렘파드 갤러리
Lempad's Gallery
(Toko Yude) Jl. Raya Ubud
프라노토 갤러리
Pranoto Gallery
2
드 Ubud
붓다 갤러리
Buddha Gallery
우체국
축구장
재즈 카페 Jazz Cafe
Atelier Le Chat
마야 리조트
Maya Resort
Maya Sari Mas
라막 Lamak
Matahari Cottage
마 갤러리
ama Gallery
빠단테갈
Padantegal
N Den
Uluwatu Lace
레올레
Leolle
뻴리아탄
Peliatan
3
Jl. Hanoma
Tugun
Cafe Tegal
Bebek Bengil
Zen Body Holiday
아르마 미술관(Arma)
Agung Rai Museum Of Art
루다나 뮤지엄 & 갤러리
Rudana Museum & Gallery
4
여행자 서비스 센터   명소   사원   식당   스파   숙박   우체국   경찰서   박물관
C
D

## 몽키 포레스트
**Monkey Forest**

- P.30B4
- JI, Monkey Forest 거리 남쪽 끝단에 위치
- 8:00~17:30
- 성인 3,000Rp., 어린이 1,500Rp.

'신은 자연을 창조하였고, 자연은 인류생활에 필요한 모든 것을 제공한다. 즉 인류는 자연을 보호할 의무가 있다.' 많은 생각을 하게 하는 이 짧은 문장은 우부드 몽키 포레스트의 소개말에 적혀있다. 이 소개말에서 우부드 몽키 포레스트와 다른 곳과의 차이점을 발견할 수 있다.

이곳 원숭이 서식지는 관광뿐만 아니라 연구에도 이용되고 있다. 가장 최근의 연구는 1998년에 미국 Central Washington 대학과 발리 Udayana 대학의 영장류 연구 센터가 5년 동안 공동 진행하기로 한 생태 탐구 계획이다. 각국에서 온 연구원들은 원숭이들의 습성을 연구하고 있으며, 때로 관광객들에

게 설명을 해주곤 한다.

이 숲에서 살고 있는 원숭이들은 발리 원숭이로 학명은 'Macaca Fascicularis'이다. 대략 125마리의 원숭이가 이곳을 터전으로 살고 있으며, 세력에 따라 3개의 조직으로 나뉘어 서로 다른 시간에 자기의 영역에서 활동한다. 새끼 원숭이의 수도 적지 않은데, 새끼를 보호하려는 어미 원숭이들을 조심해야 한다. 원숭이들을 놀려서 자극하면 안 되며, 안경, 모자, 배낭, 핸드백, 사진기 등을 뺏기지 않도록 주의하자. 만약 바나나, 파파야 등을 가지고 있다면 스태프에게 먹이로 주도록 하여도 괜찮다.

마지막으로 이곳을 즐길 수 있는 작은 비결은 몽키 포레스트로 들어가는 길목의 파파야 잎을 따서 들어가는 것이다. 매일 과일로 배를 채우는 원숭이들이 당신이 들고 있는 파파야 잎을 보고는 입맛을 다시며 당신의 주위에 몰려들 것이다.

## 사렌 아궁 궁전

**Puri Saren Agung**

P.31C2

Jl, Monkey Forest와 Jl. Raya Ubud의 교차 지역

무료

각국의 궁전이 다소 세상과 격리된 느낌인 것과는 달리, 사렌 아궁 궁전은 친밀감이 느껴진다.

비록 80여 년 전에 네덜란드인들이 상륙하면서 궁전이 허물어지기는 했지만, 발리의 왕실은 여전히 매우 중요한 지위를 차지하고 있다. 그들은 상업계, 예술계, 학술계에도 영향력을 미치고 있으며, 여전히 왕실이 누려야 할 존경을 받고 있다. 만약 왕실 후예에 대해 흥미가 있다면 우부드 일대에만 10개의 왕궁에서 투어 프로그램을 제공하고 있으니 참가해도 좋다. 그 중에는 레스토랑이나 호텔 등도 포함되어 있으며, 이전에 경험해본 적 없는 국왕 자손 및 귀족들을 가까이에서 만나볼 수 있는 기회가 될 것이다.

이 왕궁 중에서도 Jl. Monkey Forest와 Jl. Raya Ubud 두 거리의 교차 지역에 위치하는 사렌 아궁 궁전이 으뜸으로 손꼽힌다. 이 궁전은 1930년대에 처음으로 개방되면서 일부분이 숙소로 사용할 수 있도록 개조된 후 우부드 지역의 최초의 호텔이 되었다. 궁전은 지금도 여전히 반은 왕족이 거주하고, 나머지 반은 숙소로 사용된다. 왕족처럼 고급스러운 숙박을 체험해볼 수 있을 뿐만 아니라, 밤에는 정통 발리 춤을 감상할 수도 있다.

# 루다나 뮤지엄 & 갤러리
**Rudana Museum & Gallery**

P.31D4

Jl. Cok Rai Tudak No. 44 Peliatan

(62-361)975779

8:00~17:00

무료

루다나 뮤지엄 & 갤러리는 우부드 시내와 좀 떨어져 있기 때문에 예술에 그다지 관심 없는 사람들은 이곳까지 찾지 않는 경우가 많다.

25년 전, 멀리 떨어진 남쪽의 사누르(Sanur)에서 작은 화랑으로 시작하여 1987년에는 이곳으로 옮겨져 자리를 잡았으며, 1995년에는 뮤지엄으로 확장 설립되었다. 20여 년 동안 루다나 화랑은 발리 현지 및 기타 지역의 화가들을 줄곧 지원해왔으며 각 화파 작가의 작품을 소장, 전시하고 있다. 적잖은 작품들이 서양화가들의 스타일의 영향을 받아 작가 본연의 정신세계가 잘 드러나지는 않지만 관장은 그다지 개의치 않는다. 이곳의 방명록 첫 페이지에는 중국 국가주석인 장쩌민의 서명이 적혀 있다. 의심할 바 없이 이는 루다나 뮤지엄 & 갤러리의 가장 좋은 홍보물이라고 할 수 있다.

# 아르마 미술관(ARMA)
**Agung rai museum of art**

P.31C4

Jalan Pengosekan, Peliata

(62-361)976659

9:00~18:00

성인 10,000Rp., 어린이 무료

www.armamuseum.com

이미 수도 없이 많은 미디어 매체가 방송한 아궁라이(Agung Rai)의 이야기는 이미 우부드의 전설이 되었다.

농가에서 태어나 10여 세부터 그의 고향 쿠타(Kuta)에서 그림을 팔아 돈을 벌었던 아궁라이는 예술가는 아니었지만, 한푼 두푼 모아 1996년 6월 9일 결국 아궁라이 예술 박물관(아르마 미술관, arma)을 개관하였다. 건물의 총 면적은 4,500평방미터로, 내부에는 나무껍질을 이용하여 그린 진귀한 작품 등을 소장하고 있다. 아궁라이는 또한 Kokokan Hotel을 설립하여, 관광객들이 우부드의 진면목을 가깝게 느낄 수 있도록 하였다. 관광객들은 이곳에서 라이브 댄스 공연을 감상하거나, 회화 프로그램 등에 참가할 수 있다. Kokokan Club의 태국식 레스토랑, ARMA Cafe, Warung Kopi 커피숍 등의 부대시설이 있기 때문에 이곳은 미술관이자 사회 문화 교류의 중심지이기도 하다.

아궁라이는 발리 전통 예술을 보존하기 위해 힘을 아끼지 않고 있다. 그는 수익금을 전부 어린이 교육에 쏟아 강사를 초빙하여 아이들에게 무료로 악기, 전통 춤 등을 가르치고 있다. 그가 직접 육성한 어린이 무용단은 여러 상을 받기도 하였는데, 교육에 대한 그의 노력을 일부 엿볼 수 있다.

## 세니와티 여성 갤러리
**The Seniwati Gallery of Art by Women**

P.31C2
Jalan Sriwedari 2B, Banjar Taman, Ubud, Gianyar
(62-361)975485
(62-361)975485
10:00~17:00(공휴일 휴관)
무료
www.seniwatigallery.com
seniwati@dps.centrin.net.id

이곳에서는 발리 섬의 여성 예술가들의 작품을 주로 전시하고 있다. 인도네시아어로 'Seni'는 예술을, 'Wati'는 여성을 의미한다.

창업가 Mary Northmore는 홍콩 출신으로 인도네시아 화가와 결혼해 발리 섬에 정착하였는데, 그녀는 발리 여성들의 미적 감각이 탁월하다는 것을 발견하였다. 그러나 발리 전통 예술의 기초는 종교에 있었기 때문에 여성들이 예술 방면에서 발전할 수 있는 기회가 극히 적었다.

Mary Northomore는 여성 예술가들의 작품을 전문적으로 판매하는 화랑을 만들기로 결심하였고 결국 세니와티를 설립하였다. 이곳에서는 발리 여성들의 감각이 돋보이는 회화, 조각, 도자기, 카드, 달력 등이 전시되고 있다.

여성 예술가의 명맥을 유지하기 위해 세니와티는 여학생을 위한 예술 특별 프로그램을 개설하고 매년 16명의 장학생들을 선발하여 무료로 수업을 들을 수 있도록 하고 있다.

## 푸리 루키산 미술관
**Museum Puri Lukisan**

P.31C1
Jalan Raya Ubud
(62-361)975136
8:00~16:00
성인 10,000 Rp., 어린이 무료

루키산 미술관은 '회화 궁전'이라는 아름다운 별명을 가지고 있으며 우부드 왕자 Agung Sukawati의 어렸을 적 꿈을 실현시키고자 만든 곳이다. 처음에는 몇 개의 예술 작품을 전시하였을 뿐이었으나, 후에 네덜란드 예술가 Rudolph Bonnet과 Pita Maha 예술가 협회와 협력하여 1956년에는 당대 저명한 발리 화가들의 작품을 전시하기도 하였다. 현재 미술관에 전시되어 있는 작품은 모두 예술가 및 유럽 수집가의 후손들이 박물관에 기증한 것이기 때문에 더욱 의미가 크다.

# 렘파드 갤러리

**Lempad's Gallery**

P.31C2

Jl. raya ubud, Ubud

(62-361)975972

렘파드는 발리 섬에서 존경받는 예술가일 뿐만 아니라, 전통적인 건축가(현지에서는 Undagi라고 부름)이자 조각가 및 사원이나 의식에 사용하는 예술 성물을 만드는 '상깅(Sangging)'이다. 우부드에서는 그의 집(Puri Lempad)을 방문하여 그가 남긴 위대한 건축물 및 예술 작품을 참관할 수 있다.

그의 후손들이 경영하는 토코 유데(Toko Yude) 역시 가볼만한 곳이다. 이곳에서도 훌륭한 물건들을 많이 볼 수 있는데, 편직물 및 인도네시아 염료로 염색한 바틱 등은 말만 잘하면 10~20% 정도 싸게 구입할 수도 있다.

# 프라노토 갤러리

**Pranoto Gallery**

P.31D2

Ubud Main Street, Ubud-Bali

(62-361) 970827

9:00~17:00, 인물 소묘 과정 매주 수, 토요일 10:00~13:00

20,000Rp.

www.age.jp/~pranoto

화가 프라노토(Pranoto)와 오스트레일리아 출신의 아내 케리(Kerry Pendergrast)는 1996년에 프라노토 갤러리(Pranoto Gallery)를 개관하여 두 사람과 친구들의 작품을 전시하였다. 매주 수요일과 토요일에는 인물 소묘 프로그램이 있으며, 때로는 즉흥 음악 연주회가 열리기도 한다. 예술을 좋아한다면 이곳을 지나치지 말자.

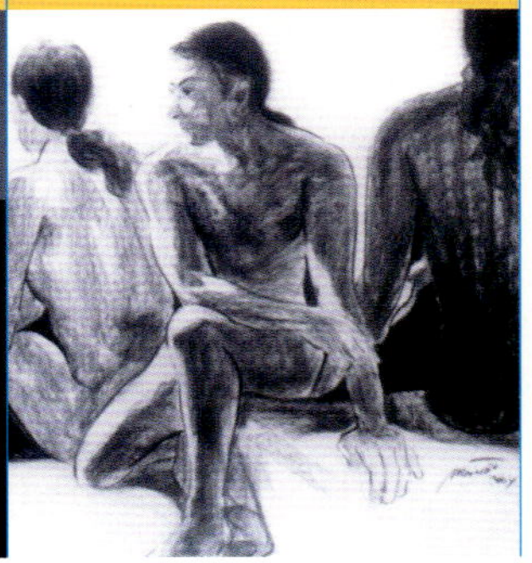

# 네카 미술관
**Neka Art Museum**

 P.30B1
 Jalan Raya Campuhan
 (62-361)975074
 9:00~17:00(공휴일 휴무)
 성인 10,000Rp., 12세 이하
   어린이 무료

'네카(Neka)'는 미술관을 개관한 수테자 네카(Suteja Neka)의 이름이다. 그의 부친인 I Wayan Neka (1917-1980)는 1960년대 발리 섬에서 가장 유명한 조각가였으며 인도네시아를 대표하여 뉴욕, 오사카 등의 세계박람회를 디자인하기도 하였다.

네카 미술관의 설립은 그와 네덜란드 국적의 아티스트 Rudolf Bonnet, Arie Smit 등의 친분에서 비롯되었다. Bonnet과 Smit는 발리 섬에 거주하는 1기 유럽 예술가들로 발리 섬의 예술 작품을 유럽인들에게 소개하였다. 또한 네카에게 박물관, 미술관의 개념을 소개하여 네카 미술관이 설립될 수 있도록 도왔다.

네카 미술관에는 수많은 작품이 전시되어 있으며 우부드 회화사의 흐름을 보여주고 있어 그 가치가 매우 크다. 초원을 따라 세워진 6개의 전시관에는 1960년부터 수집한 작품들이 전시되어 있다. 그중에는 발리 섬의 유명 작가들의 작품들을 비롯하여, 섬 문화예술의 동서 교류 부흥을 위한 '피타 마하(Pita Maha) 예술협회'의 회원 작품도 전시하고 있다. 또한 인도네시아 기타 도서지역 및 세계 각지의 방대한 회화 작품들을 소장하고 있어 그 규모에 감탄하지 않을 수 없다.

네카 미술관은 우부드의 시골 길 왼쪽에 위치하며, 또 다른 한쪽은 산과 계곡이다. 자연 속을 거닐면서 전시관을 차례대로 구경하면 발리 섬의 회화 발전사를 감상하며 예술 향연을 맘껏 누릴 수 있다.

# 발리 섬의 각 시기별 스타일

## 발리 섬의 전통 스타일

발리 섬의 전통 회화 스타일은 14세기의 자바 왕조의 마자파히트 왕국(Majapahit Empire)까지 거슬러 올라간다. 당시 궁정 작가들은 그림자 인형극에서 영감을 얻어 '카마산 빌리지(Kamasan Village)'에 왕실을 위한 그림을 그렸다. 따라서 이 시기 회화는 그림자 인형의 독특한 모습이 대표적이다. '와양(Wayang)' 스타일이라고도 불린다.

Godaan Arjuna, 1953, 작가 : Johan Rudolf Bonnet(1895~1978)

## 변천 시기의 스타일

9세기 말, 발리 섬은 네덜란드의 식민지가 되어 서양 예술가들의 영향을 받게 되었다. 발리 전통 회화 속의 인물들은 섬의 북쪽에서부터 점차 자연스럽고 인간적인 모습으로 변하기 시작하였다. 1920년대에는 이러한 스타일이 섬 남부 지역까지 영향력을 미치게 되었다. 화가들은 인물을 그릴 때 빛과 음영을 사용하고, 그림의 배경이나 나뭇잎 등도 특징을 너무 강조하지 않은 자연스러운 모습으로 그리기 시작하였다. 또한 서사적인 분위기의 전통 방식을 버리고, 단일 에피소드를 중심으로 표현하였다.

The death of Abhimanyu, 19세기 말, 작가 미상



# 네덜란드 화가 아리 스미트의 작품, 청년 화풍

Stirahat Resting, 1981, 작가 : Arie Smit(1916~ )

네덜란드에서 태어난 아리 스미트(Arie Smit)는 일찍이 네덜란드 예술 대학에서 평면 디자인을 전공하였다. 세계 대전이 발발하자 네덜란드 식민지였던 동인도에 종군 파견되어 군대를 위해 지도를 그리는 일을 하였고, 전쟁 이후에는 인도네시아에 귀화하여 학교에서 석판화를 가르쳤다.

1956년 스미트는 이 섬에 영원히 거주하기로 결정하였다. 그는 우부드 인근에 사는 10여 세의 청소년들에게 그림도구를 제공하고 발리 섬의 '청년 화풍'을 대표하는 선생님이 되었다.

스미트는 구도와 색채의 대가로, 비현실적인 색상을 대담하게 사용하여 일상의 모습을 그릴 수 있도록 가르쳤다. 예를 들어 빨간 색의 바다, 파란 색의 피부, 노란 색의 하늘

## 우부드 스타일

19세기에도 서양 예술가들의 영향은 계속되었다. 우부드 일대의 화가들은 1920년대에 독일의 월터 슈피즈(Walter Spies), 네덜란드의 루돌프 보네(Rudolf Bonnet) 두 화가의 영향을 많이 받았다. 전자는 빛, 그림자, 깊이, 투시법 등을 주로 다루었고 서양 회화의 재료를 가지고 와서 현지 예술가들의 창작을 격려하였다. 후자는 해부, 초상화 기법 등을 도입하여 빛이 스며드는 듯한 기법으로 예술을 한 걸음 더 발전시켰다.

Barong and Rangda, 1971,
작가 : Ida Bagus Made Wija(1912~1992)



## 바투안 스타일

우부드 남쪽에 위치한 바투안(Batuan)은 11세기부터 줄곧 정부의 중심지였다. 서양 문화의 영향을 거의 받지 않았기 때문에 우부드 스타일과는 확연히 다른 스타일의 화풍이 발전하였다. 바투안 스타일은 전통 스타일과 유사하며, 작은 인물들이 그림 화면에 가득 차 있다. 화면 배경은 주로 검은색이 많으며, 초자연적 생물의 출현으로 인물들의 놀란 표정이 자주 등장한다.

Ritual Flirtation Dance, 1975,
작가 : Dewa Putu Bedil(1921~1999)

Wedding Ceremony, 1970,
작가 : I Nyoman Tjakra(1945~ )

등 강렬하고 힘이 있는 독특한 회화 기교는 발리 섬의 아름다움을 깊이 있고 유감없이 표현한다.

아리 스미트의 영향을 받은 일부 우부드 북쪽의 Penestanan 마을의 젊은 화가들은 구속 없이 상상력이 넘치는 화풍을 구사하고 열정적이고 밝은 색채를 사용하여 인물을 단면적으로 표현한다. 또한 검은 색으로 윤곽을 뚜렷하게 표현하며 다양한 색상의 나뭇잎으로 전체 화면을 배치하여 빛과 원근 등을 극히 적게 사용하고 있다.

# 현대 발리 화가

'피타 마하(Pita Maha) 예술협회'의 서양과의 예술 교류 및 청년 화풍 스타일은 출신학교 화가들에게 계속 많은 영향을 미쳐왔고, 현대 예술 학교의 지속적인 설립은 후기 화가들의 스타일에 변화를 가져왔다. 2000년 전후 발리의 예술가들은 자신의 마음, 문화 및 사회의 변화를 표현할 스타일을 스스로 만들어냈다. 예를 들어 우부드 출신의 Made Sumadyasa와 반역화가 Made Budhiana는 명망 높은 국제 미술전에 참여하여 전 세계를 주목시킨 소수의 발리 출신 예술가이다. 그 중 Made Sumadyasa의 작품은 아시아 예술 주간 잡지 『Asian Art News』의 표지를 장식하기도 하였다. 테러가 발리 섬을 위협할 당시에는 이곳의 예술가들이 평화, 사랑 및 화해 등을 주제로 전쟁에 반대하였고, 경험이 풍부한 예술가 Made Wianta를 대표로 자유로운 예술 형식으로 폭력, 상처, 위협 등을 강력하게 비난하였다. 예술 작가들의 이러한 표현은 세계의 주목을 받았다.

# 렘파드(Gusti Nyoman Lempad)

발리 섬에서 가장 유명한 예술가 겸 조각가, 건축가인 렘파드(Gusti Nyoman Lempad, 1862~1978)는 발리 섬에서 누구나 아는 유명인일 뿐만 아니라, 그의 흑백 그림은 전 세계적으로 유명하다.

그는 발리 섬 남부 Bedahulu의 작은 마을에서 태어났으나, 대부분의 시간을 우부드에서 보냈다. 수카와티(Sukawati) 왕자의 눈에 들면서 그는 우부드 왕실의 건축물을 설계하기도 하였다.

'피타 마하(Pita Maha) 예술협회'의 창립 멤버인 렘파드는 발리 섬의 현대 예술을 문화의 화합을 통해 발전시키고자 하였고 14, 15세기의 인도 자바 스타일을 가미하기도 하였다.

렘파드의 작품은 표정, 구도, 분명함 등에서 매우 뛰어나다. 2차 세계대전 당시, 렘파드의 작품은 독일 화가들에 의해 숨겨져서 이곳저곳을 오랫동안 떠돌았다. 그 후 1984년에 이르러서야 네카미술관으로 돌아오게 되었고, 지금은 네덜란드의 암스테르담, 독일 등지에 그의 작품이 남아 있다. 싱가포르, 하와이, 일본에서도 그의 작품전이 개최된 적 있다.

렘파드의 작품은 흰 바탕을 배경으로 인물과 동작을 자세히 묘사하고 있다. 주로 세기의 서사시, 인도네시아 신화, 전통적인 스타일 등을 소재로 하고 있으며 그의 생활에 대한 관찰, 문학적 고찰, 심지어는 성교 및 유머적 요소에서도 소재를 채택하고 있다.

Our Earth is the Heart of the Universe, 2003, 작가 : Made Sumadyasa(1971~ )

The Brayuts feast together, 1930, 작가 : I Gusti Nyoman Lempad

# 현대 인도네시아 화가

발리 섬의 경치, 문화, 그리고 예술 시장은 섬 바깥의 인도네시아 화가들을 발리 섬으로 이끌었다. 그들은 네덜란드 식민지 시기의 '아름다운 식민지'라는 낭만적 현실주의 화풍을 버리고 자신만의 스타일을 추구하며 심지어 1945년의 네덜란드 반대 전쟁 등에 참가하여 붓으로 전쟁 당시의 인도네시아 인들의 저항 과정을 기록하기도 하였다. 이들은 대부분 자바, 수마트라 지역 출신인데 그곳은 네덜란드 정부가 가장 일찍 학교를 설립한 지역이다. 그래서 그런지 그들의 예술적 자각은 다른 지역보다 좀 더 빨랐다.

이들 중에서 자바 출신의 '아판디(Affandi, 1907–1990)'는 가장 유명하다. 그는 원래 영화 간판 그림 제작자였는데, 스스로 작품에 늘 만족을 할 수 없어서 자신의 초상화를 그리기 시작했다고 한다. 왠지 발리 섬은 다소 괴팍하고 호방한 예술가들이 자신의 창작 능력을 발휘하기에 적당한 지역인 것 같다. 이탈리아 유학파인 Abdul Aziz는 나무 문틀에 그림을 그리고 인물을 입체적으로 표현하는 것으로 유명하다. 독학으로 그림을 배워 집안을 일으킨 중국계 예술가 Djaja Tjandra Kirana(1944~ )는 꽃 정물화에 뛰어나며 최근에도 여전히 발리 섬에서 왕성한 활동을 하고 있다.

Mutual Attraction, 1974–1975, 작가 : Abdul Aziz(1928~ )

# 외국 화가

1908년에 발리 섬의 왕실이 네덜란드에 의해 점령되면서, 이곳은 국제적 관광지이자 지상의 파라다이스로 알려지게 되었다. 비록 외부인들의 발리에 대한 이미지가 실제 발리 섬의 모습과는 약간 차이가 있지만, 발리 섬의 주민들은 이러한 이미지를 활용하여 관광객들을 끌어들이고 있다.

우부드는 특히 화가 마을로 유명한 곳인데, 아름다운 자연 환경과 친밀한 주민들이 많은 외국 화가들의 발목을 잡는다. 그들은 이곳의 맑은 예술적 기운을 들여 마신 후, 빛나는 창작 작품으로 뱉어낸다.

그 중에는 필리핀의 유명 화가 J. Elizalde Navarro도 포함된다. 그는 서로 다른 소재를 사용하여 그림을 그리는 것으로 유명하다. 원색의 범주 안에서 밝은 색채를 표현하기 때문에 표현주의 화가라고도 한다. 열정, 따뜻함 등을 주로 표현하는 싱가포르의 Neo Cheong의 작품에서는 강렬한 디자인 감각을 엿볼 수 있으며, Willem은 네덜란드 암스테르담 출신 화가로 1938년에 발리 섬에 온 후 발리 섬의 여인, 사원 등의 작품을 수도 없이 남겼다. 그는 특히 빛, 그림자 등의 처리가 아주 뛰어나다. 여행 화가 Chang Fee Ming의 수채화는 발리 섬의 뚜렷한 모습을 그려내어 사람들에게 이곳의 진짜 모습을 감상할 수 있도록 한다. 특히 네카미술관의 적극적인 지지로 뉴욕, 도쿄, 파리 등의 수집가들에게 추천된 바 있다.

Gabor-Pendet Dance, 1991,
작가 : J. Elizalde Navarro(1924~1999)

On My Mind, 1999, 작가 : Chang Fee Ming(1959~ )

## Gego

- P.44A2
- 패션
- 단면 이카트(Ikat) 1m에 60,000Rp.

이곳은 이카트(Ikat) 전문 매장이다. 이카트의 의미는 말레이시아어로 '묶는다, 얽어맨다' 라는 뜻이다. 이는 옛날 베를 짜는 기교를 일컫는 말로, 베를 짜기 전에 문양을 구상하고 베의 위사(緯絲) 부분을 먼저 염색한 다음, 실 중에서 염색을 원하지 않은 부분에는 물을 흡수하지 않는 다른 실로 잘 묶어서 마지막으로 전체 실을 염료에 넣으면 염색이 완성된다. 완성된 이카트의 색깔은 위사의 색을 주로 띠게 되며, 잘 염색된 위사를 가지고 베를 짜면 복잡한 문양의 천이 된다. 더욱 놀라운 것은 '양면 이카트' 가 있다는 것인데, 염색할 때에 양면의 무늬를 모두 고려하여 경사, 위사를 구분하여 염색해야 만들 수 있다. 경위사를 가지고 직조하면 양면 무늬가 나타나게 되는데 이를 만들기 위해서는 독특한 기술과 인내심이 있어야 한다.

## 레올레
### Leolle

P.44A2

잡화

돌 모양 양초 40,000Rp.

독특한 스타일의 매장으로, 주로 정유, 화병, 불상, 대나무 공예품, 도자기 등을 판매하고 있다. 포장이 아주 현대적이기 때문에 친구들에게 선물할 기념품을 구입하기에 적당하다. 유럽, 미주 지역의 관광객들에게 인기가 높으며, 쿠타에도 지점이 있다.

## 파마 갤러리
### Fama Gallery

P.44A2

골동품, 가구

골동품 품목에 따라 결정

오래된 골동품 속에서 보물을 찾는 것을 좋아하는 사람이라면 이곳은 천국과도 같다. 소가죽으로 만든 그림자 인형에서부터, 토템 괴물 조각, 불상, 뜯어낸 오래된 문짝, 창틀, 침대, 석유 등잔 등 종류가 워낙 다양하기 때문에 자신만의 보물을 찾기 위해서는 시간이 상당히 오래 걸릴지도 모른다.

## 붓다 갤러리
### Buddha Gallery

P.45B1

패션, 잡화

스카프와 사롱(sarong, 동남아시아 일대의 사람들이 입는 치마) 세트가 350,000Rp.

2층 건물의 상점 내에는 엄선된 골동 가구들이 고급스런 사롱을 받쳐주고 있다. 이곳에서는 손으로 그림을 그려 만든 고품격 바틱 염색 천을 전문적으로 판매하고 있으며, 여기에 같은 스타일의 스카프를 더하면 토속적이면서도 우아하고 모던한 느낌이 난다.

# Zen Den



🔷 P.44A2
😀 잡화
💲 조명 갓 306,000Rp.

 엽전처럼 생긴 중국의 옛날 동전 모양의 간판으로 가게의 특징을 잘 살리고 있다. 이곳의 제품은 중국식과 서양식을 섞은 퓨전 스타일로, 자수, 쿠션, 핸드폰 가방을 비롯하여 앤디 워홀이 만든 불상 그룹을 모방한 상품도 만나 볼 수 있다.

# Treasures

🔷 P.44A1
😀 보석

 이곳은 우부드에서 가장 고급스러운 보석상점이며, 국제적인 디자이너와 발리 현지 수공예 장인들이 힘을 합해 만든 것이다. 자연과 신화, 고대문명 등을 주제로 한 독특한 부족 색채를 띠거나 고전적인 아름다움을 추구하는 보석을 주로

만들며, 모든 아이템은 수작업으로 만들어진다. 세계 각지에서 모은 옛날 동전을 이용하여 만든 목걸이나 팔찌 등도 아주 색다르다.

# Argasoka

🔷 P.44A2
😀 패션

 수공으로 만든 정교한 바틱(Batik)을 구입하고 싶다면 이곳을 꼭 들르자. 비록 내부 정리가 잘 되어있지 않아 원하는 상품을 찾지 못할 수도 있지만, 바틱의 무늬를 자세히 살펴보면 다양한 무늬 변화와 세심한 기술이 여타 기계로 만든 것과는 비교할 수 없을 정도로 뛰어나다.

 이곳의 주인은 자바 출신의 Agus Ismoyo와 미국인 아내 Nia Fliam이다. 그들은 오랫 동안 인도네시아의 바틱을 연구하여 무늬에 함축된 종교적, 철학

적 의미를 이해하고 더 나아가 새로운 무늬와 스타일을 개발하여 유명해졌다.

# Atelier Le Cha

◈ P.44A2
😎 패션
💲 약 150,000~350,000Rp.
　이곳의 스타일은 아주 현대적이다. 블랙, 화이트 색상을 주로 판매하고 있으며, 몸에 붙으면서도 심플하게 디자인되어 있다. 여성의 다양한 분위기를 표현할 수 있으며, 사이즈는 아시아 여성에게 적당하다. 자신만의 특별한 옷을 찾고 싶다면 이곳을 놓치지 말자.



# Attitude

◈ P.44A1
😎 패션
💲 치마 한 벌에 약 210,000Rp.
　이곳의 옷은 대부분 전통적 방식의 염색 무늬 천을 이용하여 만들어진다. 참신한 디자인과 화려한 색을 사용하여 다양한 스타일을 연출한다. 젊은 여성이든 귀여운 여자아이든 모두 여기서 어울리는 옷을 찾을 수 있다. 이곳의 가방, 벨트, 신발 모두 훌륭한 패션 아이템이다.

# 타로 갤러리
**Taro Gallery**

◈ P.44A1
😎 골동품, 가구
💲 소형 보석함 15달러. 대형 가구는 운반비, 보험 등을 포함하여 평방미터당 평균 135달러 정도.
　우부드 지역에서 가장 독특한 가구 전문점이다. 가게 주인인 Rai Pujana는 아티스트인데 명랑한 성격을 가져 손님들과 쉽게 친구가 된다. 가게 안에는 작업실이 있어 다소 어지럽지만 생기 넘치는 작품들이 시선을 사로잡는다.
　그는 골동품에 새로운 생명력을 불러일으키는 능력이 뛰어나다. 오래된 채색 문 등을 활용하여 새로운 병풍이나 화기 등을 만들기도 하고 서로 다른 표정의 가면을 벽에다 걸어놓아 독특한 인테리어를 꾸미기도 한다. 이곳에는 영감을 얻을 수 있는 아이디어로 가득하다.

# 빠사르 전통시장
**Pasar**

⚫ P.44A1

😀 잡화, 패션

우부드 왕궁과 마주보고 있으며, 각종 과일, 옷, 사롱, 가죽제품, 신발 및 기념품 등을 판매하고 있다. 물건이 다양하여 선택의 기회가 많으며, 가격 흥정도 가능하다. 현지 생활을 경험하면서 쇼핑할 수 있는 최적의 장소이다. 아침은 시장이 가장 활력 넘치는 시간이다. 현지인들은 일상생활에서 필요한 물품들을 이곳에서 구매하며 낮에 돌아다니는 사람들은 대부분 관광객이다.

# 렘파드 갤러리
**Lempad's Gallery(Toko Yude)**

⚫ P.44B1

😀 잡화, 패션, 보석

💲 Songket 금사 사롱은 한 벌에 모두 수백만 Rp.이다.

렘파드(Lempad)는 우부드 지역에서 가장 유명한 예술가이다. 비록 일찍 세상을 떠나기는 했지만 그의 업적은 지금까지도 많은 영향을 주고 있다. 이 공예품 상점은 그의 손녀가 경영하는 곳인데, 렘파드의 작품을 보고 싶다면 주인의 허락을 얻은 후에야 들어가서 볼 수 있다.

상점 내에는 사롱을 비롯한 전통 의상을 주로 판매하고 있으며, 대나무로 짠 가방, 은제품 등도 있다.

가장 특색 있는 것은 고급 금사로 만든 사롱 Songket인데, 이는 제전(祭典)이 있을 때만 입는 특별한 사롱이다. 정교한 토템 및 화초 문양에 금, 은사로 장식하여 제작 기간만 약 2개월 정도가 걸리기 때문에 가격이 매우 비싸다.

# 울루와투 레이스
**Uluwatu Lace**

⚫ P.44A2

😀 패션

💲 약 300,000Rp.

순면으로 만든 레이스 옷이나 테이블보, 침대 시트 등을 전문적으로 판매하는 곳으로 품질이 아주 좋다. 레이스는 비록 발리 섬의 전통 상품은 아니지만 가볍고 편안하기 때문에 유럽, 미주 지역의 관광객들에게 많은 사랑을 받고 있다. 울루와투(Uluwatu)는 고급 레이스의 대명사가 되어 호주에 분점을 내기도 하였다.

레이스의 제작은 많은 시간이 소요되는데, 품질을 보증하기 위해 울루와투에서는 여전히 발로 밟는 재봉틀을 사용하여 한 땀 한 땀 박아 만든다고 한다. 끊김 없이 다 연결되도록 레이스를 만들려면 일정 수준의 강도가 필요하다. 쿠타(Kuta), 누사두아(Nusa Dua) 등의 지역에 모두 6개의 지점이 있다.

## Maya Sari Mas

- P.31D2
- Jl. Gunung Sari Peliatan, Ubud
- (62-361)977888
- (62-361)977555
- 점심 12:00~14:00, 저녁 19:00~23:00
- www.mayaubud.com
- 21%의 텍스와 봉사료 별도 추가

이 레스토랑은 마야 리조트(Maya Resort)에 딸려 있다. 넓고 쾌적한 리조트로, 리셉션 홀 앞에는 커다란 전통 건물이 있으며 앞에 있는 연꽃 연못에 야간 조명이 켜지면 그야말로 환상적이다.

Maya Sari Mas 레스토랑은 지하 1층에 위치하여 입구 오른쪽 아래의 계단을 통해서만 들어갈 수 있는데, 이는 건물이 산비탈을 따라 지어졌기 때문이다. 레스토랑에서는 파타누강이 만들어낸 협곡을 내려다 볼 수 있다. 사방이 울창한 숲과 계단식 논으로 둘러싸여 있어 녹색의 푸른 경치가 편안함을 느끼게 해준다.

세계 각지에서 온 손님들의 입맛을 만족시키기 위해 Maya Sari Mas 레스토랑은 유럽의 콘티넨탈 스타일 요리를 주로 선보이고 있으며 일부 발리 섬과 남태평양 요리를 특선으로 제공하고 있다.

점심에는 주로 간단하고 느끼하지 않은 인도네시아 볶음밥, 샌드위치, 스파게티 등을 선보인다. 또한 채식주의자를 위해 두부, 버섯 등으로 만든 야채스테이크도 제공하고 있다. 저녁 메뉴는 종류가 다양하여 전채요리, 수프, 메인요리부터 디저트까지 각각 주문해야 하며, 프랑스 혹은 이탈리아식 요리를 주로 제공한다. 메뉴는 시기에 따라 달라질 수 있다.

## Mattahari Cottage

P.31D3
Jl. Jembawan, Ubud
(62-361)975459
(62-361)978079
14:00~17:00
www.matahariubud.com
10%의 영업세와 6%의 봉
사료가 별도 추가됨.

대만인 Sean과 미국인 Steven은 2001년에 공동으로 이 레스토랑을 오픈하였다. Steven은 자신의 요리 실력을 발휘하면서 정통 영국식 애프터눈 티를 제공하여 우부드 일대에서 유명세를 타고 있다. 영국의 차맛을 제대로 살리기 위해 이곳에서는 오래된 찬기와 접시 등을 사용하고 있다.

식사 전에 종업원들은 영국의 관습에 따라 먼저 손님들이 손을 씻을 수 있도록 장미물을 떠다준다. 그런 다음 바이에른 케이크, 미국식 애플파이, 혹은 장미꽃 레몬 케이크 등 그날의 특선 케이크를 내놓는다. 이 모두는 Steven이 그날 시장에서 구입한 야채나 영감에 따라 결정된다.

핑거 샌드위치(Finger Sandwich)와 다양한 맛의 영국식 스콘(Scone)은 매일 빠지지 않고 준비된다.

스콘은 따뜻하게 데워서 블루베리 소스와 함께 먹으면 입안에서 살살 녹는다. 디저트 쟁반에는 라벤더 향의 쿠키, 과일 타르트 등이 나온다. 향이 좋은 얼그레이 차와 곁들이면 환상적이다.

## 라막

**Lamak**

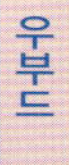 P.31C3

Jalan Monkey Forest, Ubud

(62-361)974668

(62-361)973482

11:00~23:00

www.lamakbali.com

10%의 영업세와 6%의 봉사료가 별도 추가됨.

라막(Lamak)은 종교행사에 쓰이는 수공 편직물로, 정교하면서도 종류마다 무늬가 각양각색이다. 라막의 로고와 종업원들이 입은 옷의 무늬를 자세히 보면 그 안에 라막 무늬를 활용했다는 것을 알 수 있다. 비록 레스토랑의 이름은 이와 같이 전통에서 빌려왔지만, 실내로 들어가 보면 전통과 현대가 서로 절묘하게 녹아있다는 것을 발견할 수 있다. 와인색의 벽면, 하늘색, 보라색, 노란색 등 대담한 색깔의 테이블과 의자, 예술 작품, 그리고 개방식 주방과 바 테이블 등은 전통적인 나무, 돌 조각들과 함께 어우러져 따뜻하면서도 모던한 느낌이다.

이곳에서는 발리, 인도네시아, 아시아, 유럽 요리를 모두 제공하고 있지만 그렇다고 퓨전 스타일의 요리는 아니다. 예를 들어 남부 유럽 스타일의 Cevapcici and beff Pita(Cevapcici는 일종의 슬라브족의 양 내장 요리를 말함)는 중동의 향료를 섞어 요구르트를 찍어먹는 남슬라브 일대의 특산 요리이다. 이곳의 베트남 소고기 국수는 발리 섬에서 보기 드문 훌륭한 요리이다. 베트남 국수의 육수는 소뼈와 향료를 잘 우려내어 만든 것이며, 얇게 저민 생고기를 뜨거운 국물에 살짝 익혀 특제 소스에 찍어 먹으면 입 안에서 살살 녹는다. 발리의 가정식 메뉴도 제공하고 있으며 발리 섬의 특색 요리인 Rijstaffel 세트 메뉴도 있다.

# 미로스 가든
**Miro's Garden**

P.30B2
Jl. Raya Ubud
(62-361)973314
(62-361)973314
10%의 택스가 추가됨.

미로스 가든(Miro's Garden)의 저녁은 아주 특별하면서도 로맨틱하다. 꽃이 만개한 계단을 따라 올라가면 맛있는 냄새가 손님을 맞이한다. 레스토랑은 사실 전형적인 발리 스타일의 넓은 정원이다. 한적한 정자들은 식사를 위한 공간으로 꾸며져 있으며, 정자 사이사이에는 무성한 열대식물들이 자라고 있다. 내부는 골동 가구 및 인테리어로 로맨틱하게 꾸며져 있기 때문에 연인들이 은밀한 시간을 보내기에도 훌륭하다.

메인 요리는 발리 섬 스타일의 카레, 볶음밥 등이 있으며, 스파게티, 프랑스식 에스카르고, 호주식 립 요리 등도 제공된다. 전형적인 발리 스타일 요리인 파인애플 카레는 신선한 파인애플과 카레, 닭고기 등을 사용하여 만든 것으로, 반드시 하루 전에 예약해야 맛볼 수 있다.

## 아리스 와룽
**Ary's Warung**

P.31C2
Jl. Raya Ubud
(62-361)975959
(62-361)978956
10:30~22:00
www.dekco.com

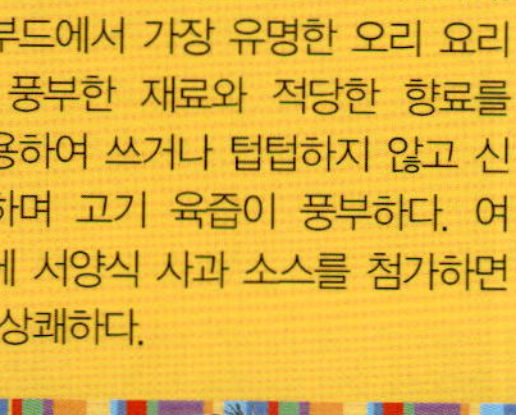

아리스 와룽(Ary's Warung) 야외 레스토랑은 아주 분위기 있게 꾸며져 있다. 요리의 맛이 뛰어날 뿐만 아니라, 요리도 빨리 나온다. 아침, 점심, 저녁 메뉴가 있으며, 저녁에는 세트메뉴를 선택하는 것이 좋다. 식사 시에는 인도네시아에서 가장 유명한 새우튀김을 서비스로 받을 수 있는데, 새우튀김에 땅콩을 넣어서 바삭하다.

이곳에는 호주와 발리의 맛을 섞은 퓨전 요리가 대부분이다. 바다가재 구이는 흔히 볼 수 있는 호주산 바다가재에 발리 섬 특유의 새콤달콤한 소스를 곁들인 것이다. 우부드에서 가장 유명한 오리 요리는 풍부한 재료와 적당한 향료를 사용하여 쓰거나 텁텁하지 않고 신선하며 고기 육즙이 풍부하다. 여기에 서양식 사과 소스를 첨가하면 더 상쾌하다.

## 모자이크
**Mozaic**

P.30B1
Jl. Raya Sanggingan, Ubud. 네카 미술관 맞은편
(62-361)975768
(62-361)975768
화~일 18:00~22:00
www.mozaic-bali.com
21%의 택스와 봉사료가 추가됨.

우부드의 대표적인 고급 레스토랑이다. 주방장을 겸임하고 있는 사장 Christ Salan는 미국, 프랑스계 혼혈로 어렸을 때부터 프랑스 요리에 심취하여 이 길을 걷게 되었다. 프랑스, 뉴욕, 싱가포르 등에 있는 유명 레스토랑에서 주방장을 맡았었으며, 인도네시아인 아내를 맞게 되면서 발리 섬에 정착하게 되었다.

이곳의 요리는 매우 특별하다. 요리는 매일 시장의 재료 상황에 따라 결정되기 때문에 Market Restaurant이라고 불리기도 한다. 하지만 메인 요리는 크게 변하지 않으며, 같이 곁들이는 재료가 변할 뿐이다. 가장 인기 있는 메뉴인 푸아그라(Pan Seared Moulard Duck Foie Gras) 전채요리는 거의 매일 맛볼 수 있는 대표적인 요리이다. 하지만 시장 상품에 따라 망고 브랜디(Armagnac) 소스를 곁들이거나 혹은 발리 섬의 Rujak 매운 소스를 곁들이기도 한다. 이곳에서 식사를 한다면 예상하지 못한 즐거움을 얻는 동시에 Christ의 창의성에 감탄할 것이다.

이곳에 처음 방문한다면 주방장 특선 6가지 세트메뉴를 먹는 것이 가장 좋다. 전채요리, 수프, 메인요리, 디저트 등 각 항목마다 2~3가지의 선택이 가능하기 때문에 다양하게 즐길 수 있다.

## 시세이도 키라나 스파
**Kirana Spa at Ubud, Bali**

P.30A1
Desa Kedewatan, Ubud
(62-361)976333
(62-361)974888
9:00~21:00
www.kiranaspa.com
@ info-english@kiranaspa.com

일본 시세이도에서 만든 키라나 스파는 최고급 호화 스파를 목표로 하고 있다. 황실에서 투자한 피타마하그룹과 합작하여 호텔에 부설되지 않은 완전한 스파 천국을 설계하면서 발리 섬에서 일대 파장을 일으켰다.

이곳은 시세이도의 브랜드 유명세를 이용하지 않는 대신, 인도네시아어인 '키라나(Kirana)'를 이름으로 선택하였다. 이는 '햇볕'이라는 뜻으로 '완전한 아름다움'과 '내재적 미'라는 의미를 포함하고 있다. 또한 '육체적 미를 초월한 일종의 심신의 조화에서 비롯된 빛' 등을 의미한다.

산을 따라 지어진 빌라는 완전히 자연 환경에 녹아들어 있고, 개방식 공간은 하늘과 사람이 하나 되는 즐겁고도 은밀한 느낌을 갖게 한다. 이곳에서는 육체와 자연이 자연스럽게 하나가 된다.

고급 디자인과 넓은 공간 등은 키라나 스파에서 가장 내세울만한 요소이다. 총 면적 18,000평방미터로, Private Villa와 Spa Garden 지역으로 나뉜다. 빌라는 시설 수준에 따라 일반(Treatment Villa), 스위트(Suite Villa), 프레지덴셜(Presidential Villa) 3등급으로 구분된다.

공간은 넓고 한적하게 꾸며져 귀족적인 느낌을 충분히 만끽할 수 있다. 하지만 이곳은 스파를 위해 전문적으로 설계된 빌라이기 때문에 숙박을 제공하지 않는다는 것에 유의해야 한다. 일본 기업인 키라나 스파는 섬세한 서비스로 고객을

## 추천 SPA

| Villa 등급 | 가격(달러) | 관리 시간(시간) |
| --- | --- | --- |
| 기본급(Treatment Villa) | 1인 80~150, 2인 150~280 | 1~2 |
| 스위트급(Suite Villa) | 1인 180, 2인 320 | 3 (120분 관리+Spa Time) |
| 스위트급(Suite Villa) | 1인 220, 2인 400 | 4 (180분 관리+Spa Time) |
| 프레지덴셜급(Presidential Villa) | 1인 320, 2인 500 | |
| 스위트급(Suite Villa) | 1인 350, 2인 620 | 5.5(24분 관리+Spa Time) |
| 프레지덴셜급(Presidential Villa) | 1인 450, 2인 680 | |
| 프레지덴셜급(Presidential Villa) | 950 | 전일(프레지덴셜급 빌라에서만 가능) |

가격은 관리 시간과 빌라 등급에 따라 결정된다. 원하는 사항을 선택할수도 있다. Spa Time은 관리 중간의 휴식시간을 말하는 것으로, Spa Garden 내의 월풀 등 호화 시설 사용이 가능하다.



감동시키고 있다. 종업원들은 꿇어 앉아 손님들과 대화하며, 치료 과정, 중점 치료 부위 등에 대해 자세하게 의견을 나눌 수 있다.

이곳에서 사용하는 제품은 모두 시세이도에서 특별히 연구개발한 것으로 키라나 스파에서만 사용하고 있다. 일반적인 마사지 오일조차 보통의 식물성 오일을 사용하지 않고, 특별히 제작된 고체 제품을 이용한다. 사용할 때에 시원하면서도 기름지지 않고, 보습성도 뛰어나다. 모든 상품은 일본 및 인도네시아의 엄격한 테스트 기준을 통과한 것으로 이곳의 피부 관리 역시 상당히 추천할 만하다.

# 우부드 알릴라 리조트

**Mandara Spa**

P.30A1

Desa Melingghih Kelod Payangan, Gianyari

(62-361)975963

(62-361)975968

9:00~21:00

alilahotels.com

salesasia@mandaraspa.com

알릴라 리조트(Alila Hotel & Resort, Ubud)의 원래 이름은 'The Chedi' 이었으나 2002년 8월부터 GHM 리조트 그룹과 협력하여 이름을 '알릴라(Alila)'로 바꾸었다. 아융(Ayung River) 강가에 위치하여 편안하고 우아한 분위기로 명성이 높다. 리조트 건물은 돌을 깎아 만든 것으로 전통과 현대적인 아름다움을 결합시켜 건축계

에서 좋은 평가를 받고 있다. 1996년 만다라 스파는 이곳에 스파 센터를 개장하였고, 지금까지 잘 운영되고 있다.

## 추천 SPA

| 관리 명칭 | 가격(달러) | 관리 시간(분) |
|---|---|---|
| 발리식 마사지(Balineses Massage) | 55 | 50 |
| 2인 마사지(Mandara Massage) | 95 | 50 |
| 인도식 머리 안마(Ayurveda Shiodora) | 63 | 50 |
| 태국식 마사지(Thai Massage) | 90 | 95 |
| 열석 마사지(Warm Massage) | 63 | 50 |
| 마음대로 하는 바디 치료(Indulgence) | 215 | 160 |



관리 시스템의 변화와 함께 알릴라 스파 역시 새로운 서비스 시스템 및 시설을 갖추게 되었다. 특히 2003년에 시작된 Elimas Spa 시리즈는 사람들에게 가장 인기가 있다. Elimas는 영국의 고급 미용용품을 사용하며 독특한 마사지 기술로 다른 곳과 차별화하고 있다. Elimas Spa는 테라피스트의 두 손과 뛰어난 기술로 고객에게 우수한 서비스를 제공한다.

알릴라 스파에서는 전통 요법과

현대 요법을 결합하여 몸과 마음을 새로이 할 수 있다. 전체 관리 코스로는 마음대로 하는(Indulgence) 바디 치료가 가장 인기 있다. 먼저 꽃잎 물로 씻은 다음 라벤더 물로 온몸을 헹구고, 다시 커피, Lulur, Boreh, 야자 중에서 하나를 선택하여 각질 제거를 한다. 다시 몸을 씻고 나오면 환상적인 2인 마사지가 시작된다. 그 다음에는 인도식의 머리 안마, 또는 얼굴 관리 등이 이어진다. 마지막으로 발마사지를 하고 나면 코스가 끝난다.

알릴라에는 특별히 새로 마련된 태국식 마사지실이 있는데, 태국식 마사지는 당기고 펼치는 등의 큰 동작이 많기 때문에 넓은 침대에서 이루어진다. 태국식 마사지는 마사지 오일을 사용하지 않고 안마사의 손가락, 팔꿈치, 팔, 무릎 등의 부위를 사용하여 혈 자리를 누르는 것이다. 또한 당기고, 몸을 돌리는 등의 요가와 비슷한 스트레칭 동작을 통해 근육 및 관절을 부드럽게 하고 내장의 운동을 도와준다.

1998년에 개장된 포시즌 사얀 (Sayan) 리조트는 1993년에 개장한 포시즌 짐바란(Jimbaran) 리조트에 결코 뒤쳐지지 않는다. 2002년, 2003년에 연속으로 미국의 잡지 『Out & About』에서 세계에서 가장 로맨틱한 리조트로 선정되었고, 2003년에는 미국의 『Conde Nast Traveller』, 영국의 『Galli-vanter's Guide』에서 약속이나 한 듯이 아시아 태평양 지역의 최고 리조트로 선정되었다.

## 추천 SPA

| 관리 명칭 | 가격(달러) | 관리 시간(분) |
| --- | --- | --- |
| 열대 우림 치료 요법(Tropical Rain Ritual) | 180 | 180 |
| 혼합 허브 치료 요법(Healing Herbal Bledn Ritual) | 180 | 180 |
| 신체 노화방지 치료 요법(Suci Dhara) | 130 | 120 |
| 에너지 균형 요법(Chakra Dhara) | 180 | 120 |
| 룰루르 사얀(Lulur Sayan) | 110 | 120 |
| 쌀, 향료를 이용한 각질 제거<br>(Rice and Spice Body Scrub) | 65 | 60 |
| 점토 바디 마스크(Clay Body Masque) | 65 | 60 |

포시즌 사얀은 1999년부터 매년 『Conde Nast Traveller』에 의해 세계 최고의 스파로 선정되는 영예를 누리고 있으며, 최고 중의 최고를 지향하고 있다. 원래 로비가 있던 메인 건물의 스파 센터 외에 2002년 2월에는 리조트 내의 아융(Ayung) 강변에 3채의 은밀하고 고요한 별장인 스파 빌라가 지어졌다. 그 중에서 가장 큰 규모인 Cendana 빌라의 면적은 93평방미터에 달한다. 연인이나 가족, 친구들이 같이 2인 스파를 즐길 수 있도록 빌라 안에는 2개의 마사지 침대가 마련되어 있으며, 프랑스 Vichy의 더블 분수, 초대형 욕조, 개인 수영장 등도 있다.

Cendana 빌라는 연꽃 연못으로 둘러싸여 있다. 마사지 침대가 연못과 마주보고 있어 은밀하면서도 시야가 트여있다. 포시즌 사얀은 다른 곳보다 빌라 규모가 작기 때문에 스파를 위해 온 관광객들은 몇 개월 전에 사전 예약을 해야만 한다.

포시즌 사얀의 스파 빌라는 발리 섬에서 가장 전통적인 방식을 사용하는 스파로, 그것은 5,000여 년 전의 인도의 '아유베다(Ayuveda)'로 거슬러 올라간다. 사람들이 스트레스나 불규칙적인 생활로 인해 생긴 생리적, 심리적 독소와 번뇌는 몸에 쌓이게 되는데, 관리를 통해 그것을 몸 밖으로 배출할 수 있다고 한다.

발리, 자바 및 인도의 전통적인 치료 요법을 혼합하여 사용하는 포시즌 스파는 천연 원료인 향료, 오일, 꽃, 아유베다 등의 비방을 사용하여 휴식을 원하는 사람들이 스파 체험을 할 수 있도록 돕고 있다. 연꽃 연못으로 둘러싸인 빌라 안에 누워서 안마사들의 부드러운 마사지를 받고 있으면 점차 새로운 세계로 빠져들게 된다. 편안히 누워 있는 동안 몸 속 세포가 활발하게 활동하여 스트레스는 점차 사라지고, 깊은 잠에서 깨어나면 몸은 한결 가벼워질 것이다.

## 마야 리조트
**The Spa At Maya Resort**

P.31D2
Jl. Gunung Sari, Peliatan
(62-361)977888
(62-361)977555
10:00~20:00
www.mayaubud.com
info@mayaubud.com

스파 센터에 가려면 반드시 빌라 지역을 지나가야 한다. 산골짜기 근처에서 30m 아래로 내려가는 엘리베이터를 탈 수 있는데, 이는 우부드에서 가장 높은 엘리베이터라고 한다. 스파 센터에는 세심하게 설계된 열대 우림 공간이 숨겨져 있다. 스파 스위트룸에 들어가면 눈앞이 확 트이는 것 같은 느낌을 받게 되는데, 개방식 공간이 강의 골짜기와

## 스파 하티
**Spa Hati**

P.31D2
Jl Raya Andong #14 Peliatan, Ubud
(62-361)977578
(62-361)974672
9:00~20:00
www.spahati.com
spahati@spahati.com

우부드에 위치한 스파 하티(Spa Hati)는 Bali Hati 재단에 속해 있으며, 수익금의 대부분은 빈곤 아동의 학비 지원금으로 사용된다. 입구 앞쪽에 있는 건물은 건축 중에 있는 의학 센터로 주의하지 않으면 지나치기 쉽다. 스파와 관련된 시설들은 뒤쪽에서 푸른 숲과 이웃하고 있다. 특히 치료 센터는 전원의 방갈로 같은 곳에 있어 마치 숲으로 돌아간 듯한 즐거움을 만끽할 수 있다.

스파 하티는 영리만 추구하는 곳이 아니기 때문에 가격이 저렴하지만 서비스 품질도 결코 뒤떨어지지 않는다. 이곳의 책임자 Nick은 이전에 만다라 스파에서 일한 경력이 있으며, 이곳에 2인 마사지 기법을 도입하였다.

### 추천 SPA

| 관리 명칭 | 가격(Rp.) | 관리 시간(분) |
| --- | --- | --- |
| 즐거운 여행(Blissful Journey) | 135,000 | 60 |
| 하모니(Harmony) | 335,000 | 60 |
| 스파 하티 대표요법(Spa Hati Awakening) | 225,000 | 90 |

## 추천 SPA

| 관리 명칭 | 가격(달러) | 관리 시간(분) |
| --- | --- | --- |
| Maya 스타일 안마(Soothing Maya Massage) | 62 | 75 |
| 발리 스타일 안마(Relaxing Balinese Massage) | 50 | 60 |
| Maya 얼굴 부분 관리(Maya Facial) | 50 | 60 |



마주보고 있다. 맑고 신선한 공기가 피부와 만나면 자연과 물아일체 되는 것 같은 감동을 받게 된다.

마사지 코스는 2인 마사지, 발리 섬 스타일 마사지, 마야 스타일 마사지(발리 섬 스타일의 마사지에 향기 요법을 추가한 것) 등이 있다. '각질 제거+마사지'는 이곳에서 가장 인기 있는 코스로, 먼저 야자, 계수나무, Pandan 잎, Javanese Lulur 중에서 각질제거 재료를 고르면 흐르는 물소리, 새소리, 곤충 울음소리 등을 즐기면서 편안히 깊은 잠에 빠져들 수 있다. 마지막으로 우유 꽃잎 목욕을 하게 되면 그야말로 인생 최대의 사치라고 할 수 있다.

얼굴 관리 코스도 사람들에게 인기가 좋다. 그중 Maya Facial은 신선한 과일을 이용한 마사지로, 안마사가 얼굴, 목, 어깨 등을 마사지 해주는데 아주 시원하다.

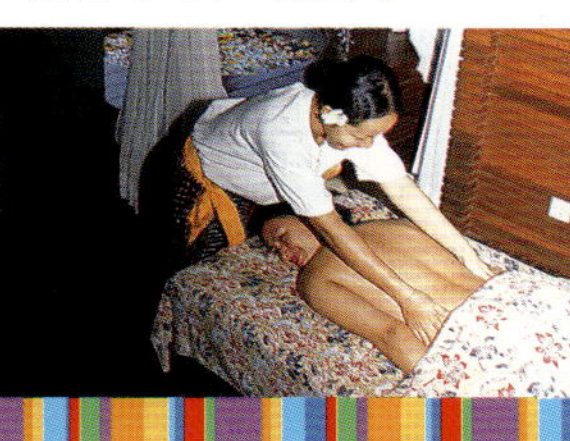

스파 하티 대표요법은 일반적으로 룰루르(Lulur) 치료요법이라고도 부른다. 하모니와 차이가 거의 없지만 단지 두 명의 아로마 테라피스트가 마사지를 한다는 점이 차이점이다. 마사지실에 들어가면 먼저 아로마 오일을 선택하고 마사지를 시작한다. 안마사는 일종의 악기를 두드려 마사지의 시작과 끝을 알린다. 안마사가 부드럽게 근육 및 혈 자리 등을 안마하면 아로마 오일 향기가 은은하게 퍼지고, 귓가에는 부드러운 음악이 들려 쉽게 꿈나라로 들어가게 된다.

# Zen Body Holiday

🧭 P.31C4
🏠 Jl. Sanggingan, Ubud
☎ (62-361)976739
🕐 9:00~21:00
🌐 www.zenbodyholiday.com
@ contact@zenbodyholi-
   day.com

Zen Body Holiday는 외진 골목 안에 위치하고 있으며, 건물 밖에

는 크게 'Zen禪'이라고 적혀 있다. 실내에는 진한 남색과 흰색으로 인테리어 되어 있어 편안한 느낌을 준다. 동양 종교, 철학 등에 조예가 깊은 사장은 풍수와 오행의 개념을 실내 인테리어에 활용하였다. 예를 들어 아래층의 치료실은 바람, 물 등이 흐를 수 있도록 설계하였으며 위층의 객실 밖은 푸른 전원 풍경을 즐길 수 있도록 설계되어 있다. 사장 Claud는 캐나다 출신이지만 인도네시아에 대해 애정이 많아 발리 섬에 정착하고 2000년부터 SPA를 경영하기 시작하였다.

이곳 프로그램 중에 추천할 만

## 추천 SPA

| 항목 | | 시간(분) | 비용(인도네시아 Rp.) |
| --- | --- | --- | --- |
| 바디 부분 | 전통식 안마 | 75 | 150,000 |
| | 세트 안마 : Mandi Lulur, Mandi Rempah, Mandi Susu | 105 | 150,000 |
| 얼굴 부분 | 식물 | 60 | 150,000 |
| | 벌꿀+오이 | 60 | 150,000 |

# 루씨라 빌라 스파
## Rucira Villa Spa

🧭 P.30A1
🏠 Sayan, Ubud
☎ (62-361)979377
📠 (62-361)974265
🕐 9:00~21:00

루씨라(Rucira)는 우부드 왕실에서 경영하는 스파 전문점이다. 비록 빌라라고 부르지만 숙박을 제공하고 있지는 않다. 빌라는 아융 강과 닿아 있으며, 계단식 논과 숲 등이 펼쳐져 주변경관이 뛰어나다. 그 중에서 강변에 위치한 빌라는 조망이 훌륭하다. 2층 시멘트 건물에 창문, 찬장 등은 모두 골동 목재로 만들어져 발리 섬의 특색을 잘 살리고 있다.

이곳에서는 다양한 마사지를 선택할 수 있다. 사용하는 마사지 오일도 아주 특별한데, 세심한 사람이라면 짙은 붉은 색의 장미 오일에서 이곳의 로고인 빨간 장미를 떠올릴 수 있을 것이다. 세트 프로그램은 Javanese Lulur,

## 추천 SPA

| 관리 명칭 | 가격(달러) | 관리 시간(분) |
| --- | --- | --- |
| 자바 룰루르 프로그램(Javanese Lulur) | 40~60 | 105 |
| 발리 약초 프로그램(Balinese Boreh) | 40~60 | 105 |
| 발리 스타일 마사지(Balinese Massages) | 40 | 60 |

S
SPA

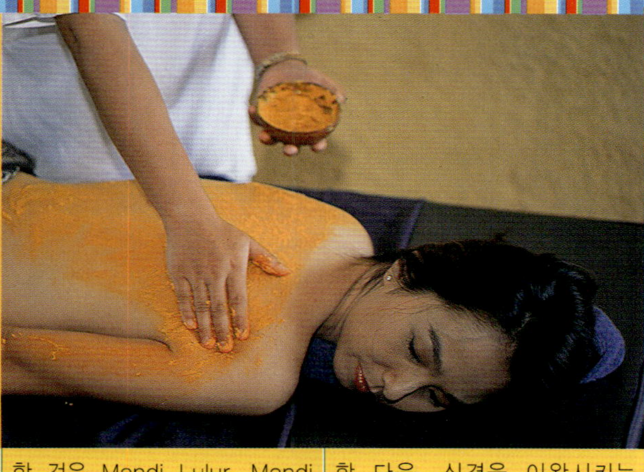

한 것은 Mandi Lulur, Mandi Rempah, Mandi Susu 등이다. 각 프로그램에는 모두 마사지, 각질제거, 피부 관리, 거품 목욕 등이 포함되어 있다. Mandi Lulur는 가장 인기가 높은 룰루르 바디 프로그램이고, Mandi Rempah는 혈액순환을 촉진시키기 위한 아로마 각질 제거를 한 다음, 신경을 이완시키는 Rampah 약초 목욕으로 마무리하는 것이다. Mandi Susu는 우유 목욕이다. 우유 분말을 다른 아로마 각질제거제와 섞어 온몸에 바르고 아로마 향과 우유 향이 가득한 욕조에서 목욕을 하고 나면 누구나 우유 미인이 될 수 있다.

Balinese Boreh 등이 있고 화산재, 야자 각질제거제, 바다소금 각질제거제 등을 선택할 수 있다. 각 치료 프로그램이 최대의 효과를 낼 수 있도록 각 피부 타입마다 다른 방법의 마사지 방법을 사용하고 있다. 예를 들어 Lulur와 Boreh는 발리 스타일의 마사지이며, 화산재는 아로마 마사지 요법을, 바다 소금으로는 발마사지 등에 사용하고 있다. 관리가 끝난 후에 서비스되는 음료수는 치료 특성에 따라 신선한 과일 주스, Jamu 약초즙 또는 생강즙 등을 제공하고 있다.

## 알릴라 호텔
## Alila Ubud

- P.30A1
- Desa Melinggih Kelod Payangan, Gianyar
- (62-361)975963
- (62-361)975968
- 가격은 스위트룸, 빌라, 성수기, 비성수기 등에 따라 다르다. 비성수기일 경우 하루에 260~420달러 정도이다.
- www.alilahotels.com/ubud

알릴라 호텔의 전신은 '더 체디(The Chedi)'이며, 우부드 산 지역의 절벽 근처에 자리 잡고 있다. 우부드 시내에서 차를 타고 가면 초록색의 논밭을 지나 시끄러운 관광지에서 멀리 떨어진 곳에 위치한다.

현대적 디자인과 발리 섬의 전통적인 건축 양식을 혼합하여 지어진 호텔의 은밀한 정원과 넓은 계단, 개인 정원 등은 친밀감이 느껴진다.

　호텔 내의 객실과 빌라는 협곡 쪽에 자리 잡고 있는데 모양이 나무 집 처럼 생겼다. 유명한 건축 사무소 Kerry Hill Architects에서 설계한 것으로, 발리 섬의 전통 건축 개념을 바탕으로 현대적인 느낌으로 재창조한 것이다. 평평한 석회석 벽과 흙과 초가로 만든 지붕, 돌을 깎아 만든 지면 바닥과 나무, 유리 재질 등의 다양한 재질은 서로를 돋보이게 한다.

　54개의 스위트룸은 2층의 돌벽 건물 안에 흩어져 있으며, 산세를 따라 강가 쪽으로 뻗어있다. 객실은 비록 크지 않지만 1층에는 개인 테라스와 야외 샤워실이 준비되어 있고, 2층의 객실에서는 강 골짜기의 조망이 가능하다.

　이곳에서 볼만한 것은 돌 사이로 자라나서 벽을 덮고 있는 녹색 식물들이다. 각 돌벽 건물에는 모두 아래로 연결된 계단이 있는데, 이 계단은 상하 두 층을 이어주는 통로의 역할을 한다.

　흐린 날의 알릴라 호텔은 고즈넉한 분위기로 20년대의 발리 섬을 떠올리게 한다. 기하학적인 장방형 수영장을 마주보고 있는 수영장 옆의 바에 앉으면 수영장이 마치 짙은 파란색의 유리창처럼 푸른 숲을 비추고 있다. 조용한 호텔과 산골짜기의 맑은 공기가 이곳 호텔의 최고 자랑이며, 많은 사람들은 이를 체험해 보기 위해 알릴라 호텔에 투숙한다.

# 포시즌 사얀 리조트 Four Seasons, Sayan

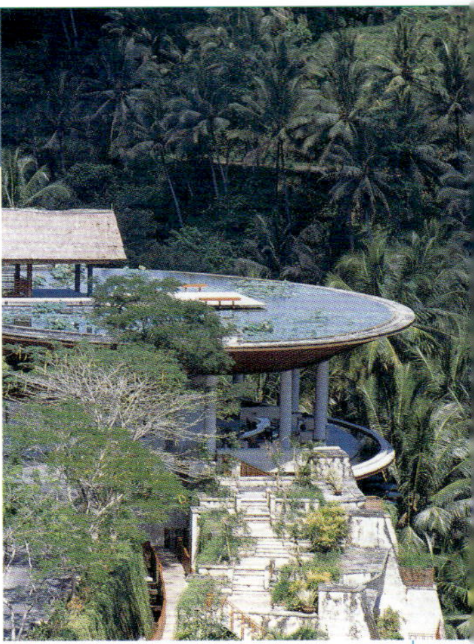

P.30A2
Sayan, Ubud, Gianyar
(62-361)977577
(62-361)977588
가격은 객실, 별장, 성수기, 비성수기 등에 따라 각각 다르다. 하루에 450~3,000달러 정도이다.
www.fourseasons.com
reservation.fsr@fourseasons.com

포시즌 사얀 리조트는 아융(Ayung) 강의 골짜기에 숨어 있으며, 발리 섬의 전통적인 건축방식을 채용하지 않은 몇 안 되는 호텔이기도 하다. 이곳의 도전적이고 참신한 디자인은 영국계 건축가 John Heah의 작품인데 그는 건축물의 내부, 외부의 통일감을 중요하게 생각했다. 포시즌 사얀 리조트는 곡선의 건축물과 주변 비탈 풍경이 잘 어우러진 자연과의 합작품이라고 할 수 있다.

목조 다리를 따라 산골짜기와 마주보고 있는 타원형 연꽃 연못에 다다

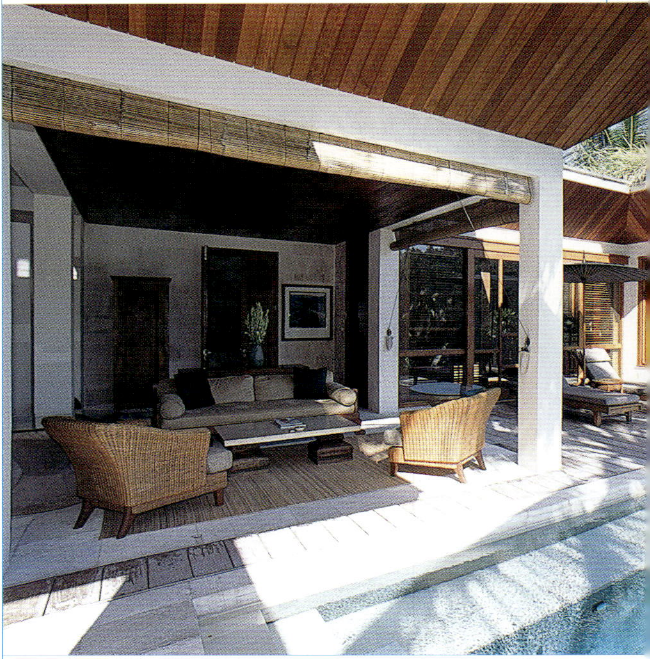

르면 휘황찬란한 호텔 로비에 들어서게 된다. 연꽃 연못은 주 건축물의 옥상에 지어졌는데 그곳에 바로 로비가 있다. 로비는 180도의 반원형 개방식 공간으로 녹색 전망이 펼쳐져 사람들의 시각적 피로를 풀어준다. 처음 사얀에 들어오면 투숙객들은 체크인 수속을 하고 편안한 소파에 앉아 시원한 웰컴 음료를 마실 수 있다.

이곳에는 포시즌 짐바란 리조트와는 달리 독특한 별장과 18개의 스위트룸이 있다. 스위트룸들은 현대적 분위기로 디자인되어 있으나, 일부 작은

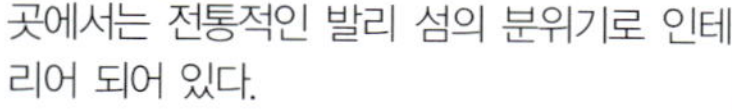

곳에서는 전통적인 발리 섬의 분위기로 인테리어 되어 있다.

23개의 독립적인 빌라는 사얀의 하이라이트이다. 1개의 침실로 이루어진 빌라에 들어가려면 반드시 연꽃 연못과 목조 다리를 거쳐야 한다. 그런 다음 나선형 계단을 따라 내려가면 객실 구역이 나온다.

이곳은 주 건물의 연꽃 연못과 마찬가지로 연못을 옥상에 마련하여 연못 아래에 모든 시설을 숨겨두었다.

면적 200평방미터의 빌라는 넓고도 은밀하다. 개인 바와 편안한 등나무 의자 등은 자유롭고 편안한 공간을 연출한다. 찌는 듯한 오후에는 객실에 딸려있는 수영장에서 더위를 식히거나 수영장 옆에 있는 비치 의자에 앉아 낮잠을 자거나 아니면 편안히 앉아 농촌의 소박한 풍경을 감상할 수도 있다.

쿠타
Kuta
사누르
Sanur
짐바란
Jimbaran
누사두아
Nusa Dua

# 쿠타

## Kuta

쿠타와 그 주변의 남쪽 지역은 발리 섬에서 가장 먼저 개발된 관광 지역이다. 백색의 모래사장과 사계절이 여름인 기후는 유럽, 미주 지역의 많은 관광객들을 불러들였으며 지역이 넓고 인구가 적어 단기간에 발전하였다. 관광객들이 많이 모이는 지역을 좋아하든 아니든, 발리 섬에 와서 이곳에 들르지 않으면 후회할 것이다. 이곳에서는 건강한 육체미를 뽐내며 해변을 거니는 남자들이나 일광욕을 즐기는 비키니 여성들을 흔히 볼 수 있다. 여기에는 인종의 구분이나 생활 금기 등이 전혀 없으니 모든 것을 뒤로 던져놓고 마음대로 즐기자.

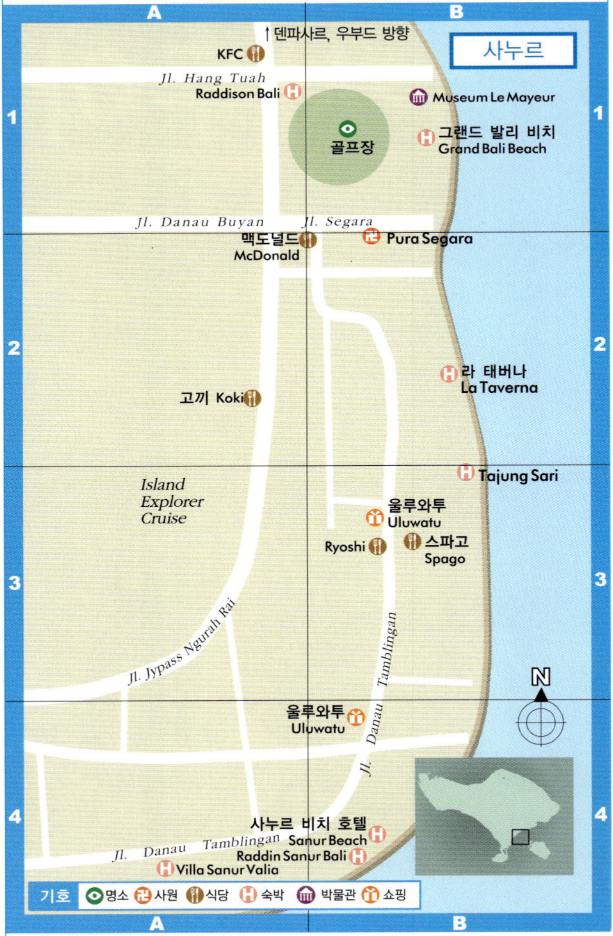

A
B
카페 와리산
Kafe Warisan
쿠타&주변 지역
The Living Room
Jl. Laksmana
웰빙 스파
Well Being Spa
1
The Legian
The Villas
The Oberoi
하나
Hana
파비오 Fabio
Jl. Raya Seminyak
게이트웨이 오브 인디아
Gateway of India
Jl. Dhyana Pura
임페리얼 호텔
Hotel Imperial Bali
스미냑 Seminyak
쿠타
Jl. Double Six
2
레기안 Legian
파드마 호텔
Hotel Padma Bali
Jl. Padma
발리 만디라 호텔
Bali Mandira Hotel
Jl. Legian
Jl. Melasti
쿠타 갤러리아 & 아티스트 커뮤니티
Kuta Galleria Artist Community
파파스 카페
Papa's Cafe
알람 쿨쿨 Alam Kul Kul
레기안 파라다이스
Legian Paradiso Hotel
3
맥도날드
McDonald
꼬리 Kori
Poppi Lane II
더 발코니
Poppi Lane
The Balcony
하드록 호텔
Made's Warung
Hard Rock Hotel
Jl. Pantal Kuta
TJ's
쿠타
야시장
Jl. Bakung Sari
쿠타 Kuta
Jl. Kartika Plaza
Discoery Kartika Plaza
쿠타 스퀘어&마타하리 백화점
Kuta Square & Matahari
Bali Dynasay
Waterbom Recreational Park
Hotel Santika Bali
Ramada Bintang Bali
투반 Tuban
Sanur 와 Gianyar 방향
Plaza Bali
Jl. Bypass Ngurah Rai
Jl. Raya Tuban
N
기호 명소 쇼핑 식당 스파 숙박
울루와투 방향 ↓↓ 누사두아 방향
A
B

## 쿠타
**Kuta**

P.71B4

1936년, 미국에서 온 Koke 부부는 발리 섬의 쿠타 해변에서 'Kuta Beach Hotel'을 경영하기 시작하였다. 이때부터 서방 세계는 발리 섬을 주목하기 시작하였고 특히 60년대에는 히피족들이 이곳으로 몰려들어 관광업이 발전하여 지금까지 계속 이어지고 있다.

낮에는 쿠타 해변(Kuta Beach)에서 물놀이, 일광욕 등을 즐길 수 있으며, 특별히 할 일이 없어도 이곳에서 하루를 보낼 수 있다.

바다를 내려다볼 수 있는 전망을 가진 5성급 호텔은 모두 쿠타 남쪽에 위치하고 있다. Ramada Bintang Bali, Holiday Inn, Balihai, Kartika Plaza, Sol Elite Paradiso, Bali Dynasty 등이 있으며, 유일한 수상 놀이공원인 Waterbom Recreational Park도 근처에 위치한다.

쇼핑을 좋아하는 사람은 쿠타 스퀘어(Kuta Square)에 가서 쇼핑을 할 수 있다. 이곳은 섬에서 가장 일찍 형성된 상권으로, 유명한 마타하리 백화점도 이곳에 있다. 백화점에서는 가격 흥정을 할 수 없지만 그래도 저렴한 편이다. 길가의 다양한 상점들은 늘 손님의 수요를 만족시키고 있지만 상점마다 비슷한 물건들이 중복되는 경우가 많아 세 곳 이상을 둘러보며 가격을 비

교하거나, 값을 깎는 것이 합리적인 쇼핑의 비결이다.

 저녁이 되면 이곳은 밤 문화의 천국이 된다. 클럽, Pub, 동성애자 클럽 등이 이곳을 현란하게 장식한다. 떠들썩하고 번화한 분위기를 좋아하는 사람들은 이곳에 와서 술을 마시거나 춤을 추고, 노래를 하면서 즐거운 시간을 보낼 수 있다.

 쿠타 지역은 비교적 넓은데, 이 밖에도 투반(Tuban), 레기안(Legian), 스미냑(Seminyak) 등의 주변지역도 볼거리가 다양하다.

## 투반 Tuban

 Ngurah Rai 국제 공항 근처에 위치한 투반에는 훌륭한 레스토랑이 많다.

## 레기안 Legian

 쿠타 지역의 핵심 번화가는 북쪽의 레기안 대로(Jalan Raya Legian)이다. 도로 양쪽에는 상점, 공예품점, 호텔, 레스토랑, 커피숍, 노점상, 렌터카 센터 등이 즐비하다. 그야말로 쇼핑족의 쇼핑 성지라고 할 수 있다.

## 스미냑 Seminyak

 북쪽으로 올라가면 개발되고 있는 스미냑이 나오는데, 이곳은 뜨고 있는 여피 스타일의 지역이다. 도로 양쪽에는 개성 만점의 상점과 유럽 스타일의 고급 레스토랑이 가득하다. 이곳의 발리 스타일 제품, 독특한 개성의 소품, 창의력이 돋보이는 가구 등은 마치 뉴욕의 소호 지역에 들어선 듯한 느낌을 준다.

 이곳에서는 민속적 분위기가 가득한 옷, 상당히 원시적 분위기의 나무 조각, 액세서리, 가구, 잡화 등을 찾아볼 수 있다. 하지만 발리 섬의 다른 지역과 달리 이곳 상점은 정찰제로 운영되고 있으므로 가격을 50% 이상 깎아 부르면 가게 주인의 표정이 순식간에 변할 것이다.

## 사누르
**Sanur**

◆ P.70

  덴파사르의 동부 도로에 위치한 사누르는 발리 섬에서 가장 일찍 개발된 지역 중의 하나이다. 그랜드 발리 비치(Grand Bali Beach)는 가장 오래된 고급 호텔이며, 11층 높이의 건물 역시 발리 섬에서 현존하는 가장 높은 건물이다. 현지 정부가 법으로 건물 높이를 야자수 높이 이하로 제한했기 때문이다.

  사누르는 비록 예전처럼 번화하지는 않지만, 우수한 주거 환경 때문에 발리 섬에 장기 거주하는 외국인들이 가장 선호하는 지역이다. 저명한 오스트레일리아 아티스트 Donald Friend, 벨기에 화가 Jean Le Mayeur 등이 모두 이곳에서 작품활동을 하고 있다.

  사누르 해변의 모래는 매우 깨끗

## 짐바란
**Jimbaran**

◆ P.75A1

  짐바란은 공항 남쪽에 위치하고 있으며, 가장 좁은 반도에 위치하고 있다. 양옆에 순백의 모래사장을 가진 해변이 있어 오염 없는 청정의 아름다움을 가지고 있다. 원래 조용한 작은 어촌이었으나, 안목이 뛰어난 포시즌 호텔을 시작으로 인터콘티넨탈, 리츠칼튼 등 국제적 호텔 체인이 속속 들어오게 되었고, 이곳은 신흥 고급 호텔 지역으로 부상하게 되었다.

  새벽과 황혼의 짐바란은 잊지못할 추억을 안겨줄 것이다. 짐바란은 원래 어촌, 항구로 생선 거래가 가장 활발한 어시장이었는데 관광객들이 몰리자 장사에 밝은 사람들은 신선한 해산물을 재료로 해변에 해산물 식당을 열기 시작하였다.

  황혼이 되면 모래사장 근처로 관광객들이 모여들기 시작한다. 석양의 아름다움을 감상하기 위해서이기도 하고, 해산물 구이를 먹기 위해서이기도 하다. 식사 시간이 가까워지면 테이블 위에는 작은 촛불을 켜놓아 해변은 불빛 바다가 된다. 가게 앞에는 생선, 바다가재, 조개, 게 등이 진열되어 있고, 손님이 원하는 해산물

## 수상 레저

남부 지역은 수상 레저 활동이 가장 왕성하다. 스쿠버 다이빙을 비롯한 스노클링, 수상 스키, 서핑, 패러글라이딩, 크루즈 등 모두 직접 체험이 가능하다. 이들을 이용하고자 한다면 아래의 업체에 연락해보자.

◎Bali Hai :
(62-361)-720331 http://www.balihaicruises.com
◎Bali Adventure Tour :
(62-361)-721480 http://www.baliadventuretours.com
◎Sobek Adventure Bali :
(62-361)-7948253 www.99bali.com/adventure/sobek

하고 연안 지역의 산호초 구역과 파도가 그다지 크지 않기 때문에 이곳은 스쿠버 다이빙의 천국이기도 하다. 해변을 따라 건설된 하얏트 호텔 같은 고급 호텔은 대부분 Jl. Danau Tamblingan에 위치하고 있으며, 인근에는 다양한 레스토랑, 쇼핑센터 등이 자리 잡고 있다. 정교한 울루와투 레이스 전문 매장도 이곳에 2곳의 지점을 가지고 있다.

화가 Le Mayeur는 전설적인 인물로, 그의 작품은 발리 섬을 서양에 알리는 계기가 되었으며 'Museum Le Mayeur'에서는 그의 작품을 관람할 수 있다. 그의 작품은 인상파 화풍과 유사하며, 그림의 주제는 아름다운 발리 섬이다.

을 골라 무게를 잰 다음 옆에 있는 화로에 집어넣으면 구이가 시작된다. 화로 안에 야자 잎을 넣고, 특제 소스로 해산물을 구우면 공기 중에는 달콤한 향이 가득해진다.

보통 해산물을 고르기만 하면 땅콩, 샐러드, 밥, 과일 등이 따라서 나온다. 사용되는 소스는 가지각색이지만 해산물 본연의 맛을 해치지는 않는다. 특히 발리 섬 특유의 새콤달콤한 소스에 찍어먹으면 정말 환상적이다.

# 누사두아
**Nusa Dua**

◆ P.75B2

짐바란 동쪽에 위치한 누사두아는 세계 각지의 부호들이 좋아하는 곳이다. 사누르와의 차이점은 비즈니스맨이나 단기 여행자 등이 이곳을 주로 찾고 있다는 점이다. 각 리조트는 최신식 설비를 갖추고 있고 월드 클래스의 18홀 골프장, 고품격 쇼핑센터, 쾌적한 공연장 등을 마련하여 관광객들을 유치하고 있다. 휴가 기간에 내내 호텔 또는 리조트 문밖에 나가지 않고서도 모든 것을 즐길 수 있는데, 이러한 유형의 리조트에는 클럽 메드, 그랜드 하얏트, 누사두아 비치 호텔, 그랜드 미라지 등이 있다.

누사두아에서 가장 유명한 쇼핑센터는 누사두아 갤러리아(Nusa Dua Galleria)로, 각종 최신 유행 상품 또는 전통 수공예품, 골동 가구 등을 구입 가능하며 종종 공연

이 열리기도 하다. 내부에는 대형 면세점 DFS(Duty Free Shop)과 명품 브랜드 아울렛도 있다.

이외에도 Jl. Bypass Ngurah Rai

# 울루와투 절벽 사원
**Pura Luhur Uluwatu**

◆ P.11C4

발리 섬 남부의 바툰 반도 남서쪽은 볼거리는 그다지 많지 않은

데 유일하게 눈에 띄는 것이 바로 울루와투 절벽 사원(Pura Luhur Uluwatu)이다. 이곳은 해변과 다소 떨어져 있지만 석양이 매우 아름다워 소문을 듣고 찾아오는 사

도로에는 Tragia라는 할인점이 있는데, 기념품을 구입하기에 좋은 장소이다. 가격은 약간 높지만 정가제이기 때문에 물건 값을 흥정할

필요가 없어 편리하다. 할인점 근처에는 가죽의류 상점들이 집중되어 있다. 만약 몸에 잘 맞지 않는다면 맞춤 제작도 가능하다.

람들로 문전성시를 이룬다.

울루와투 절벽 사원은 11세기의 자바 고승인 Empu Kuturan이 건립하였고, 또 한 명의 승려인 Nirartha가 이어서 증축 공사를 맡았다. 그는 후에 울루와투에 은거하면서 그 생을 마감하였다.

기암절벽에 우뚝 솟은 울루와투 절벽사원은 석양에 비친 모습으로 유명하다. 매일 저녁이 되면 각국에서 몰려든 관광객들이 서로 다른 언어로 감탄한다.

지리적 위치가 좋아 울루와투 절벽 사원에는 사진 찍기에 훌륭한 장소가 많다. 하지만 사진 찍기 전에 사방으로 돌아다니는 원숭이 떼를 조심해야 한다. 이곳의 원숭이들은 우부드의 몽키 포레스트의 원숭이들보다 사람 손을 타지 않아 장난이 심하고 훔치거나 빼앗는 기술이 뛰어나기 때문에 특히 주의해

야 한다. 원숭이 사진을 찍느라 신경 쓰는 동안에 다른 한쪽에서는 귀걸이나 안경, 배낭 또는 호주머니 속에 있는 물건을 도둑맞기도 한다. 어떤 관광객은 여권을 뺏겨서 가이드가 과일로 구슬려 천신만고 끝에 되찾은 경우도 있다고 하니 원숭이들의 장난을 우습게 봐서는 안될 것이다.

## 쿠타 갤러리아 & 아티스트 커뮤니티
**Kuta Galleria & Artist Community**

- P.71B3
- Kuta Galleria Shopping Centre, Kuta-Bali
- (0817)4757572
- 10:00~17:00(공휴일 휴무)
- 커피 2,500 Rp., 캐리커처 40달러, 그림교실 2시간에 50달러.

예전에는 쿠타는 쇼핑만을 위한 지역이라고 생각했지만, 지금은 예술을 느낄 수 있는 곳이기도 하다. 바로 화랑을 감상할 수 있다는 것인데, 왁자지껄한 분위기 속에서 여유를 찾을 수 있을 것이다.

Richy Karamoy가 설립한 아티스트 커뮤니티(Kuta Galleria Artist Community)는 젊은 예술가들이 자신의 재능을 펼칠 수 있도록 설립한 곳이다. 원하는 사람은 이곳에 와서 배우거나 자신의 작품을 발표할 수도 있어 인도네시아 ISI, Yogyakarta 대학원의 졸업생이든, 혹은 인도네시아 예술학원(STSI, Denpasar), Udayana 대학의 학생이든 모두 이곳에 와서 그림을 배우곤 한다. 그들은 특히 현장에서 그림을 그리는 것을 좋아하는데 새로운 스타일로 그들의 예술적 영감을 펼치는 방법을 모색한다.

젊은 아티스트 외에 이곳에는 유명 화가들의 작품도 적잖이 전시된다. 이러한 화가들에는 자바 출신의 Harjonoh와 덴파사르 출신의 인물 초상화 화가 Ketut Darsana 등이 있다. 이곳에서 커피를 마시며 예술적 분위기에 심취해보는 것이 어떨까. 만약 관심이 있다면 현장에서 그림을 배우는 것도 가능하다.

# 마리오 실버
**Mario Silver**

🔺 P.79A2
😊 보석
💲 반지 약 10~20달러

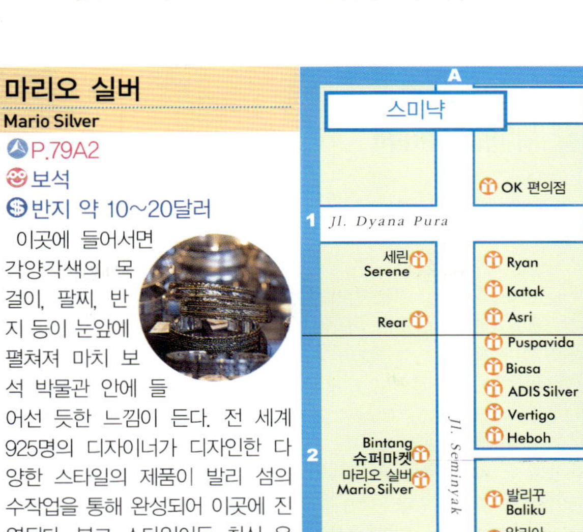

 이곳에 들어서면 각양각색의 목걸이, 팔찌, 반지 등이 눈앞에 펼쳐져 마치 보석 박물관 안에 들어선 듯한 느낌이 든다. 전 세계 925명의 디자이너가 디자인한 다양한 스타일의 제품이 발리 섬의 수작업을 통해 완성되어 이곳에 진열된다. 복고 스타일이든 최신 유행 아이템이든 간에 모두 대담하고도 개성 있다. 스미냑에 있는 마리오 실버는 이 가게의 본점이고, 쿠타에도 여러 개의 지점이 있다.

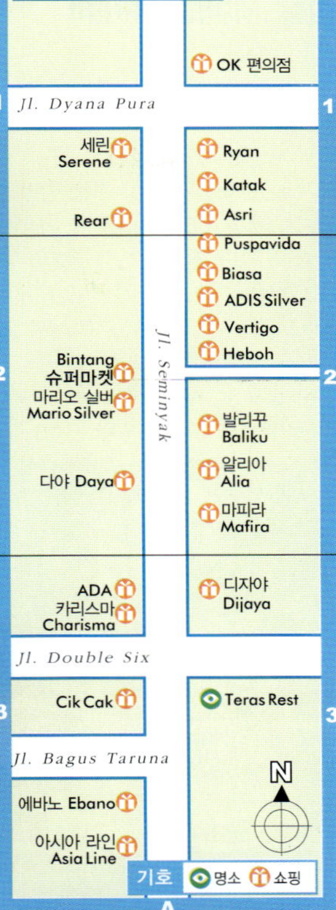


# 세린
**Serene**

🔺 P.79A1
😊 잡화
🕐 촛대 19,000Rp.

 젠 스타일로 설계된 이 상점은 소박한 색상과 디자인 등으로 많은 관광객들의 주목을 받고 있다. 현지에서 생산되는 석재, 티크(Teak), 실크, 도예품 등을 이용한 독특한 스타일의 촛대, 테이블보, 테이블 접시, 조각 등이 진열되어 있으며 어느 가정이든 잘 어울릴 만하다. 만약 이러한 스타일을 좋

아한다면 주인과 상담하여 젠 스타일의 가구를 주문제작할 수도 있다.

# 다야

**Daya**

P.79A2

잡화, 보석, 의류

5.4온스 마사지 오일 한 병에 54,000Rp.

Daya는 고급 상품을 주로 판매하는 곳이다. 히피 스타일의 의상에서부터 수공 핸드백, 반지, 팔찌 등의 액세서리는 모두 전문 디자이너의 제품이다. 그 외에도 마사지 오일, 각질제거제 등의 스파용품도 판매하고 있으며 우부드와 쿠타에 모두 매장을 가지고 있다.

# ADA

P.79A3

보석

작은 진주목걸이 17.5달러, 은팔찌 35달러.

은 액세서리를 주로 판매하고 있으며, 다양하고 모던한 스타일의 제품이 많이 있다. 심플한 가운데 여성적인 스타일이 드러나며 중성적이면서도 로맨틱한 느낌이 있다.

어느 옷이나 맞춰 착용하기 좋으면서도 유행에 뒤떨어지지 않는다.

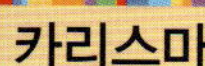

## 카리스마
**Charisma**

◆ P.79A3

😊 의류

💲 상의 한 벌 또는 치마 한 벌에 약 150,000~240,000Rp.

흰색 마 여름옷과 편안한 스타일의 남녀 의상을 전문적으로 판매하고 있다. 이곳의 디자이너는 원래 컴퓨터 프로그래머였고, 대만의 컴퓨터 회사에서도 4년 동안 일한 적이 있다고 한다. 카리스마의 하늘하늘하고 로맨틱한 스타일이 어렵고 딱딱할 것만 같은 컴퓨터 프로그램과 쉽게 연결되지 않아 신기하기만 하다.

## Cik Cak

◆ P.79A3

😊 잡화

💲 소형 작품 10,000Rp.

작은 도기 제품을 주로 판매한다. 촛대, 향로를 비롯한 귀여운 청개구리 수통 등은 고풍스러운 멋이 있다.

## 아시아 라인
**Asia Line**

▲ P.79A3
😊 잡화
💲 가면 소 55,000Rp.,
대 90,000Rp.

다양한 사이즈와 재질, 스타일의 수납장, 선향(線香) 등은 남태평양 분위기가 물씬 풍긴다. 나무로 만들어진 가면 위에 천으로 만든 가면이 다시 덮여 있는데, 아주 정교하면서도 특이한 분위기가 있다.

## 아디스 실버
**ADIS Silver**

▲ P.79A2
😊 잡화
💲 8,000Rp.부터 수백만Rp.까지

아시아에서 생산된 진주, 마노, 호박, 루비 등을 이용하여 디자인한 보석 제품이 전시되어 있다. 가격은 저가부터 고가까지 다양하여 자신의 예산 범위 내에서 선택할 수 있다.

## Pupavida

▲ P.79A2
😊 의류
💲 조끼 약 6,000Rp.부터

이곳의 스타일은 최신 유행과 복고풍 멋을 적절히 섞어 놓은 것으로 화려한 문양과 색상이 특징이다. 민속적 스타일의 옷, 조끼, 샌들 등의 상품이 갖춰져 있다.

## Katak

- P.79A1
- 잡화, 가구
- 대나무 바구니 약
  50,000Rp.부터

이곳의 각종 죽제품, 가구 등에서는 발리 사람들의 뛰어난 상상력과 수공 기술을 엿볼 수 있다. 대형 세탁바구니, 쇼핑 바구니에서부터 정교한 빵 바구니, 식기 받침대, 티슈상자 등 생활에 필요한 제품들이 다양하다.

## Vertigo

- P.79A2
- 의류
- 160,000 Rp.

Vertigo는 진 소재의 개성 있는 옷과 가방 등을 판매한다. 색상이 서로 다른 진 소재를 활용하여 히피 스타일의 독특한 개성이 드러난다.

# 발리꾸
**Baliku**

- P.79A2
- 잡화
- 소형 야자 항아리 약 700,000Rp.

가장 특이한 것은 야자껍질 물(쌀)항아리이다. 진짜 야자껍질을 이용하여 만들었기 때문에 모양과 크기가 조금씩 다르다. 원통형부터 타원형, 장방형 등의 다양한 모양이 있으므로 집에 두면 스타일리쉬한 가구가 될 것이다.

# 디자야
**dijaya**

- P.79A3
- 가구
- 열대 스타일 변기 한 세트 750,000Rp.

주로 조명, 욕실 용품 등을 판매하는 재미있는 가게이다. 불상 머리처럼 생긴 전등 장식도 구경할 수 있다. 욕실 용품은 열대 해양을 주제로 하여 변기 뚜껑, 수건걸이에 조개껍질, 열대어 등을 넣어 장식하였다. 디자인이 상당히 참신하고 대담하기 때문에 구입하지 않더라도 안목을 넓히기에 좋다.

# 마피라
**Mafira**

- P.79A2
- 잡화
- 조개 풍경 150,000Rp.

가게 안의 대부분의 상품은 모두 조개껍질을 이용하여 만든 것이다. 조개껍질을 가공하여 광택을 낸 다음 만든 세면대, 컵받침, 스푼, 풍경 등이 있고, 종류와 스타일이 다양하다. 산호와 조개껍질을 이용하여 만든 등갓도 볼 만하다.

## 라이언
**Ryan**

🔹 P.79A1
😊 잡화, 가구
💲 소형 거울 약 100,000Rp.

　철을 소재로 만든 창의적인 인테리어 소품들을 판매하고 있다. 테이블, 의자, 수납장 등의 대형 제품에서부터 태양 모양의 거울, 고양이 모양의 촛대 등 작은 소품까지 취급한다. 창의력이 돋보이면서도 집에 재미를 더하는 소품들이 많아 눈을 뗄 수가 없다.

## 에바노
**Ebano**

🔹 P.79A3
😊 잡화
💲 한 개당 약 25,000Rp.

　수백 가지 스타일의 비녀는 나무, 뿔, 소뼈 등의 서로 다른 재료를 사용하여 만들어졌다. 찬찬히 둘러보다 보면 자신이 원하는 형태의 비녀를 찾아 멋진 헤어스타일을 연출할 수 있을 것이다.

# 식당

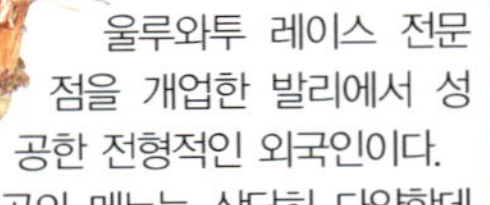

## 꼬리
kori

- P.71B3
- Jl. Poppies II, Kuta
- (62-361)723282
- (62-361)752510
- 점심 11:00~16:00, 저녁 16:00~23:00
- www.korirestaurant.com
- 15%의 택스와 봉사료가 추가됨.

쿠타 시내에서 가장 번화한 지역에 위치한 꼬리(Kori)에 들어서면 눈앞이 환해진다. 정자에는 테이블이 마련되어 있고, 작은 다리 밑으로는 물이 졸졸 흘러간다. 포근한 식당 내부는 불과 몇 미터 밖의 외부와 완전히 격리되어 있다. 레스토랑의 사장은 미국 출신으로, 1998년에 이 레스토랑을 오픈하고

울루와투 레이스 전문점을 개업한 발리에서 성공한 전형적인 외국인이다. 이곳의 메뉴는 상당히 다양한데 주로 발리 섬과 서양의 스타일을 혼합한 퓨전 스타일이다. 초기 발리 섬의 관광객들은 대부분 유럽, 미주, 오스트레일리아에서 온 사람들이었기 때문에 이곳의 식사는 주로 이들의 입맛을 따른 것이다. 꼬리(Kori)는 지리적 특징으로 인해 해산물 요리가 대부분이며, 오스트레일리아식 립 요리, 해산물 구이도 있다. 새로운 조리 기법으로 재현한 전통적인 맛을 맛보고 싶다면 주방장 특선 샐러드, 파초 잎을 이용한 생선구이(Ikan Pepes), 향료 비프 요리(Semur Daging) 등을 선택하도록 하자.

## TJ's

- P.71B4
- Poppies Lane 1, Kuta
- (62-361)751093
- 8:30~23:00
- 15%의 택스와 봉사료가 추가되며, 100,000Rp. 이상인 경우에만 신용카드 사용 가능.

20여 년의 역사를 가진 TJ's Bar & Restaurant은 발리 섬에서 상당히 오래된 레스토랑으로, 멕시코, 캐나다의 퓨전 요리를 주로 선보이고 있다. 캐나다는 다민족 국가이기 때문에 이곳에서 인도 카레 맛이 나는 크레페 등을 맛보는 것은 전혀 어렵지 않다. 실내는 열대 스타일이

물씬 풍기는 연꽃 연못을 중심으로 낮은 담장을 두어 바람이 잘 통하게 설계하였다. 여기에 재즈 & 블루스 음악이 흘러나오면 레스토랑은 이국적 분위기로 충만해진다.

멕시코 타코(Taco)와 화이타(Fajita)는 빼놓을 수 없는 요리로, 싸먹는 재미가 있다. 이곳 요리는 양이 많기 때문에 점심시간에는 양이 비교적 적은 Califonia Wrap을 추천한다. 인도 치킨 키마(Indian Chicken Keema)는 아주 특색 있는 요리인데, 재료로 인도 향료 처리를 거친 가지, 캐슈 너트(cashew nut), 요구르트 등이 들어간다. 이를 망고 소스 등에 찍어 먹으면 인도, 멕시코 퓨전요리가 탄생한다.

디저트는 그날그날 만들어져 고정 메뉴가 따로 없다. 궁금하면 오늘의 디저트가 무엇인지 물어보면 된다. TJ's에서는 아침 메뉴도 제공하고 있다.

## 카페 와리산
**Kafe Warisan**

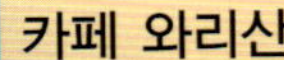

P.71A1

Jl. Raya Kerobokan 38 Br. Taman, Kuta

(62-361)731175

점심 월~토 12:00~16:00, 저녁 매일 19:00~0:00

www.kafewarisan.com

15%의 택스와 봉사료가 추가됨.

전통적인 발리 섬에서 우아한 고급 프랑스 요리를 맛볼 수 있을까? 카페 와리산(Kafe Warisan)은 1997년에 오픈한 이래로 수많은 세계 각지의 손님들을 이곳으로 이끌었다. 주방 매니저 Nicolas Tourneville은 인도네시아에 주재하고 있는 프랑스 등의 여러 나라 대사관의 주방장이었다.

## 게이트웨이 오브 인디아
**Gateway of India**

P.71A1

Jl. Abimanyu10, Seminyak, Kuta

(62-361)732940

12:00~0:00

레스토랑 앞에는 큰 화로가 있는데, 요리사가 익숙한 솜씨로 난(Naan), 탄두리(Tandoori)를 굽고 있다. 주변에 인도 향신료 냄새가 물씬 풍기기 때문에 들어가 보고 싶은 충동을 느끼게 한다. Gateway of India는 인도인 가족이 경영하는 식당으로, 이곳에 개업한지 3년 만에 쿠타와 사누르 지역에 2개의 지점을 새로 오픈하였다.

메뉴에는 200여 가지의 요리가 있는데, 난(Naan)에다가 카레, 향신료 등으로 조리한 육류 및 야채를 넣어 소스에 찍어 먹으면 정통 인도식 요리를 즐길 수 있다. 닭고기 구이를 좋아하는 사람이라면 탄두리(Tandoori) 또는 뼈 없는 닭고기 구이인 띠까(Tikka)를 골라보도록 하자. 전통 화로에서 숯으로 구운 것이기 때문에 약간 탄 맛이 난다. 이곳 토종닭은 탄력이 좋아 아주 맛이 있다.

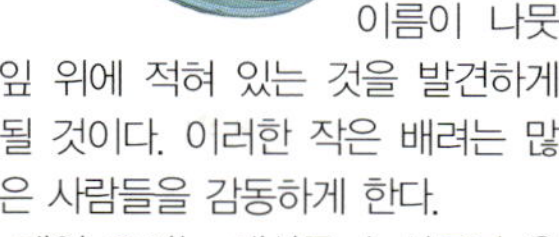

그는 프랑스 요리에 아시아의 향신료와 조리 기법을 혼합하여 많은 사람들의 찬사를 받았다. 발리 섬에서 유럽의 고급문화를 향유할 수 있다는 점은 많은 사람들이 이곳을 찾는 이유이기도 하다.

카페 와리산은 대로 옆에 위치하며, 앞쪽에는 골동품, 예술 작품을 파는 상점이 있다. 좁고 어둑한 골목길을 지나면 일순간에 확 트인 녹색의 전원이 펼쳐지는데, 식사를 하는 곳은 넓고 쾌적한 야외에 마련 되어

있다. 만약 저녁에 예약을 했다면 예약손님의 이름이 나뭇잎 위에 적혀 있는 것을 발견하게 될 것이다. 이러한 작은 배려는 많은 사람들을 감동하게 한다.

메인 요리는 해산물, 농산물과 육류, 면류 등이 있다. 그중에서 푸아그라 라자냐, 비프 요리(Grilled Australian Veal Chop), 프랑스 오리 콩피(Duck Confit) 등이 가장 인기 있다. 여기에는 향기로운 술이 빠질 수 없는데, 프랑스, 미국, 캐나다 등지에서 수입한 고급 와인을 다양하게 갖추고 있다. 선선한 바람을 맞으며 맛있는 요리와 향기로운 술을 즐기는 것은 정말 환상적이다.

# 하나

**Hana**

 P.71A1

 Galeria Seminyak, Jl. Raya Seminyak, Kuta

 (62-361)732778

 12:00~0:00

하나(Hana) 일본 요리점은 번화한 스미냑 거리에 있다. 간판이 상당히 특색 있기 때문에 쉽게 찾을 수 있다. 레스토랑 안으로 들어가면 심플한 다다미와 작은 테이블이 놓여 있어 젠 스타일을 느낄 수 있다. 일본 출신의 사장 Michiko는 발리에서 일식당을 찾아보기 어려워 직접 레스토랑을 오픈하였다. 신선함, 웰빙을 목표로 다양한 일본 요리를 선보이고 있으며, 조미료를 넣지 않아 인공적인 맛이 없다고 강조한다.

개성이 강한 사장 부부는 광고를 하지 않는데, 그들은 맛이 있으면 손님들이 스스로 찾아온다는 경영 철학을 가지고 있다.

## 파파스 카페
**Papa's Cafe**

P.71B3
Jl. Pantai Kuta, Legian, Kuta
(62-361)755055
(62-361)750751
8:00~1:00

레기안(Legian) 해변을 마주보고 있어 시원한 바람과 파도 소리를 즐기면서 쉬어가기에 딱 좋은 곳이다. 파파스 카페(Papa's Cafe)에서 사용하는 커피 원두, 올리브유, 스파게티, 치즈 등은 모두 이탈리아에서 수입한 것이다. 이곳에서는 이탈리아의 스낵 뿐만 아니라 장작을 이용한 전통 화로에서 만들어진 피자 등 각종 요리를 맛볼 수 있다.

만약 배가 그다지 고프지 않다면 훈제 연어 브루스케타(Bruschetta al Salmone e Avocado)를 선택하도록 하자. 여기에 버터, 토마토, 양파를 곁들여서 먹거나 감자 연어구이를 주문하면 지중해 스타일의 요리를 맛볼 수 있다.

## 파비오
**Fabio**

P.71B1
Jl. Raya Seminyak, Kuta
(62-361)730562
(62-361)730564
9:00~0:00
www.indo.com/restaurants/fabios

파비오(Fabio)는 새롭게 떠오르고 있는 스미냑 지역에 위치하고 있다. 외관은 전통적인 초가지붕의 모습이며, 실내 정원이 있다. 정원에는 밤이 되면 촛불을 켜서 로맨틱한 분위기를 연출하고, 바람에 나부끼는 흰색 커튼이 아름답다. 매주 수, 금, 토요일에는 밴드와 라틴 가수가 라이브로 공연을 하기 때문에 마치 라틴 지역에 온 듯한 착각을 불러일으킨다.

사장은 자카르타의 거상으로, 이탈리아 요리를 워낙 좋아하여 이곳에 이탈리아 레스토랑을 오픈하였다. 이탈리아인들이 미식가라는 사실은 유명하며, 마늘 등의 향료를 많이 사용하고 면 요리를 좋아한다는 점에서 많은 아시아인들이 이곳을 찾고 있다.

7장에 달하는 메뉴판에는 각종 이탈리아 요리들이 써 있는데, 면 요리, 피자, 라자냐, 지중해 스타일 샐러드 등이 포함되며, 남부 이탈리아, 북부 이탈리아 요리도 모두 제공하고 있다.

스파게티는 파스타, 마카로니, 링귀니 파스타(Linguine) 등에 진한

# 더 발코니

**The Balcony**

 P.71B4

 16 Jalan Bene Sari, Legian, Kuta

 (62-361)750655

 7:30~23:00. 아침, 점심, 저녁 제공

이곳에 오면 왜 이곳에 발코니(Balcony)라는 이름을 붙였는지 알게 된다. 이곳의 사장은 2층 공간을 발코니 식으로 설계하고, 흰색과 남색 두 가지 색상을 이용하여 전체 건물을 지중해 스타일로 연출하였다.

식사는 스페인 스타일의 Tapas부터 시작하면 훌륭한 선택이 된다. Tapas는 차갑게 해서 먹을 수도 있고, 뜨겁게 먹을 수도 있다. 올리브, 매운 미트볼, 햄, 야채, 오징어 등 다양한 맛을 고를 수 있는데, 맥주를 주문하여 Tapas와 함께 마시면서 수다를 떨면 정통 스페인식 식사가 된다.

해산물 꼬치는 사장이 자랑하는 메인 요리이다. 초대형 해산물 꼬치는 이곳을 방문하는 많은 사람들의 침을 고이게 한다. 오징어, 삼치, 청새치 요리, 칼고기, 쌀새우 등을 꼬치에 꿰어 배부르게 먹을 수 있으며 식사 후에는 주방장의 특별 후식으로 환상적인 맛의 스트로베리 티라미스를 먹을 수 있다.

치즈나 토마토소스 등을 더해 먹으면 정말 환상적이다.

그 외에 해산물을 듬뿍 넣은 지중해 해산물탕, 북부 이탈리아에서 유명한 밀라노 리조또 등도 이곳의 추천 요리이다.

# 스파고

**Spago Restaurant and Bar**

 P.70B3

 Jl. Danau Tamblingan 79, Sanur

 (62-361)288335

 9:00~1:00

 10%의 택스와 봉사료가 추가됨.

스파고(Spago) 레스토랑은 사누르(Sanur)에 위치해 있으며, 건물 외관은 발리 섬 스타일의 초가지붕 건물이다. 통풍이 잘되는 개방형 설계와 함께 유럽 스타일의 테이블, 의자, 전등 장식 및 조명 효과 등으로 쾌적한 식사 분위기를 연출한다. 메뉴판도 개성 있는 디자인을 활용하여 이곳 주인의 품격을 느낄 수 있게 한다.

사장 Josef Schien는 오스트레일리아 출신으로 국제적 호텔 레스토랑을 경영한 경력이 있다. 1999년에 자신의 레스토랑을 오픈한 이래 프랑스, 이탈리아 등 유럽 요리를 중심으로 새로운 퓨전 요리를 개발하고 있는데, 일부 아시아의 특별한 조리 방법을 가미하여 단순해 보이는 요리에 풍부한 맛을 더해주었다.

# 고끼

**Koki**

 P.70A2

 Jl. Bypass 9X, Blanjong, Sanur

 (62-361)287503

 (62-361)287503

 16:00부터 새벽까지

정통 독일, 오스트리아 요리를 선보이고 있어 발리 섬에 장기 거주하는 외국인들에게 많은 사랑을 받고 있는 레스토랑이다. 수많은 성급 호텔의 매니저, 요리사 등도 이곳의 단골고객이라고 전해진다.

내부의 식사 분위기는 캐주얼하기 때문에 정장을 입어야 하는 정식 레스토랑과는 달리 Pub과 유사한 분위기를 낸다. 이곳의 사장 Olaf씨는 친절하고 온화한 태도로 분위기를 더욱 살려준다. 레스토랑 앞쪽에는 바, 당구대 등이 있고, 떠들썩하게 얘기하는 손님들도 있어 편안하게 즐길 수 있다. 유리문 뒤쪽에는 조용한 식사 구역이 있으며, 전형적인 유럽식 식사를 이곳에서 즐길 수 있다.

대부분 독일의 가정식 요리이며, 가장 유명한 요리에는 독일 소시지, 비프 립, 독일식 폭찹, 양치기 파이(쇠고기와 야채 전병에다가 감자와 치즈를 듬뿍 뿌려 먹는 것) 등이 있다. 하지만 주로 고기요리이기 때문에 채식주의자들은 이곳에서 먹을 만한 것이 별로 없다.

## 짐바란 해변 해산물 식당
**Jimbaran Bay Seafood Restaurants**

 P.75A1

 짐바란 해변을 따라가면 나온다.

 정오부터 새벽까지

발리 섬에는 해변이 많은데, 짐바란 해변은 특히 석양 만찬으로 관광객들에게 인기있다. 짐바란은 원래 어촌 항구로, 일찍이 어업 교역이 가장 빈번한 어시장이었다. 관광객들의 유입과 함께 해변에는 해산물 구이 장사가 들어섰다. 이곳은 신선한 해산물을 싼 가격에 즐길 수 있고 석양과 노을을 감상할 수 있어 점점 많은 관광객들이 찾게 되었고, 식당들도 많이 들어서게 되었다.

석양을 감상하려면 먼저 시간을 잘 선택하고 해변의 좋은 자리를 잡아야 한다. 그런 다음 음식을 주문하고 해가 떨어지기를 기다리면 된다. 오렌지색의 노을, 끊임없이 일렁이는 파도, 점점이 흩어져 있는 어선 등은 로맨틱한 분위기를 연출하기 때문에 많은 커플들이 이때를 놓치지 않고 사랑을 더욱 뜨겁게 불태운다.

해가 지고 나면 테이블 위에는 작은 촛불이 켜져 해변은 일순간에 촛불의 바다가 된다. 이때 신선한 해산물 요리를 직접 주문할 수 있다.

해변을 따라 수백 개의 해산물 구이집이 있는데, 인터콘티넨탈 호텔과 포시즌 호텔 근처의 가게들은 바가지 씌우는 일은 없지만 자리가 좀 적은 편이다. 손님들이 많은 가게에서 고르면 해산물이 신선할 가능성이 높다.

# 붐부 발리

**Bumbu Bali**

- P.75B1
- Jl. Pratama, Tanjung Benoa, Nusa Dua
- (62-361)774502
- 11:00~23:00
- www.balifoods.com
- 15%의 택스와 봉사료가 추가. 저녁에는 미리 사전예약을 하는 것이 좋다.

정통 발리 섬의 음식을 먹고자 한다면 대부분의 현지인들은 붐부 발리(Bumbu Bali)를 추천할 것이다.

오스트레일리아 출신의 사장 Heinz von Holzen은 원래 하얏트 호텔의 주방장이었으나, 발리 섬에 온 다음에 진정한 발리 음식을 먹을 수 없다는 점을 발견하였다. 그 이유는 현지인들이 외식하는 습관이 거의 없기 때문이었다. 발리 섬을 사랑하게 된 Heinz는 이에 착안하여 발리 요리를 연구하게 되었고, 1997년에 붐부 발리를 개업하여 정통 발리 요리를 선보이고 있다는 평가를 받고 있다.

처음으로 이곳에서 식사를 하게 된다면 Balinese Risjttafel 세트 메뉴를 추천한다. 소위 Risjttafel(Rice Table) 요리는 '밥상'이라는 의미이며, 쌀밥을 주식으로 각종 요리를 반찬처럼 먹는 우리네 식단과 유사하다. 전체 세트는 전채요리, 수프, 메인요리, 디저트로 구분되며, 그 맛은 카레, 각종 남태평양 향신료를 사용하여 다양하게 선택 가능하다. 향신료는 다양하지만 신맛이 태국요리처럼 강하지는 않다. 전채요리, 메인요리 그리고 디저트는 다양한 종류의 세트 요리로 조합되어 있어 입맛을 돋운다. 이곳에서는 배부르게 먹고 마실 수 있어 웃음이 입가에서 떠나지 않을 것이다.

# S SPA

## 나탈리 스파
**Natalie Spa**

P.75B1
Jl. By Pass Ngurah Rai Street No. 888 ABC, Nusa Dua
(62-361)777278
(62-361)777280
10:00~22:00
www.nataliespa.com
reservation@nataliespa.com

나탈리(Natalie)는 누사두아의 외환 고속도로(By Pass Ngurah Rai)에 위치한 스파 전문점이다. 서비스가 훌륭하고 가격도 합리적이다.

일단 들어서면 오른쪽에 발 마사지실이 있어 발바닥의 혈을 안마해준다. 최대 6명까지 수용할 수 있다. 지하에는 무료 사우나가 있어서 고객들은 무료로 사용 가능하다. 2인 마사지실은 대부분 2층에 있으며, 샤워시설과 욕조가 준비되어 있다.

서비스 내용은 비교적 간단한데, 마사지는 발리식이 주를 이루고, 바디 관리는 룰루르(Lulur) 요법 위주로 하고 있다. 그중에서 비교적 특이한 것은 화산재와 사해 머드를 이용한 피부 관리 프로그램이다. 이스라엘에서 수입한 사해 머드는 보습, 피부 조직 재생 등에 특히 효과가 있다고 한다. 하지만 최근 전쟁 등으로 인해 사해 머드가 부족하여 유럽에서 화산재를 수입해서 대체하고 있다.

## 추천 SPA

| 관리 명칭 | 가격(달러) | 관리 시간(분) |
| --- | --- | --- |
| 자바 룰루르 프로그램(Lulur) | 40 | 120 |
| 활력 아보카도 각질제거<br>(Rejuvenating Avocado Scrub Treatment) | 45 | 120 |
| 화산재 바디 치료(Mountain Mud) | 45 | 120 |

P.75A1

Jimbaran 80361

(62-361)701010

(62-361)701020

9:00~21:00

www.fourseasons.com/
jimbaranbay

reservation.fsr@foursea-
sons.com

포시즌 짐바란 리조트와 스파(Spa)는 세계적으로 유명한 여행 잡지, 예를 들어 「Conde Nast Traveller」, 「Travel & Leisure」에서 수차례 상을 받은 바 있다. 만약 신선들이 사는 곳이 어디냐고 묻는다면 아마도 포시즌 리조트라고 대답할 것이다.

2003년에 미국에서 출간된 잡지 「Travel & Leisure」에서 바디 관리 부분의 2등으로 뽑힌 것을 제외하고는 짐바란 스파는 전체, 평가, 환경 등의 세 항목에서 모두 전 세계 최고의 스파로 선정되었다. 세계적인 모델 신디 크로포드(Cintia Crawford)도 일부러 찾아와 최고급 스파 서비스를 즐기고 갔다.

면적 1,000평방미터의 포시즌 짐바란 스파 센터는 발리 섬 스타일의 건물인 호텔 로비와 멀리 마주보고 있다. 문을 열고 들어가면 포시즌의 종업원들이 일제히 인사하며 친절하게 맞이한다. 오른쪽에는 수시로 광천수와 얼음 수건을 제공하는 헬스클럽이 있고, 왼쪽에는 짐바란 스파의 조용한 천지가 펼쳐진다.

발리 섬의 티크목으로 만들어진 스파 센터에 들어서면 눈앞에 녹색으로 뒤덮인 정원이 펼쳐지고, 귓가에는 물소리와 악기소리가 울려 퍼진다. 이곳에서는 몸과 마음을

## 추천 SPA

| 관리 명칭 | 가격(달러) | 관리 시간(분) |
| --- | --- | --- |
| 해양 민트 독소 제거(Sea Mint Detoxifying Ritual) | 180 | 180 |
| 아일랜드 과일 관리(Island Fruit Ritual) | 180 | 180 |
| 짐바란 룰루르(Lulur Jimbaran) | 110 | 120 |
| 해양 관리(Ocean Ritual) | 110 | 120 |
| 레인샤워(Rainshower) | 130 | 120 |
| 발리 스타일 마사지(Balinese Massage) | 50 | 30 |
| 코코넛 과육 각질제거(Coconilla Skin Scrub) | 65 | 60 |

편안하게 쉴 수 있다.

포시즌에서 즐길 수 있는 스파는 고대 자바 공주의 젊음의 비법이었던 '룰루르 로얄(Lulur Royal)'로, 수세기동안 전해진 황족의 미용 치료 비법이다. 인도네시아인들은 여성들의 혼전 중요 의식 중 하나로 이를 손꼽는다. 룰루르 치료 프로그램은 포시즌 짐바란 스파의 프로그램 중 하나이며 '짐바란 룰루르(Lulur Jimbaran)' 역시 바다 소금, 해조류를 비롯한 풍부한 해양 영양소를 기초로 하는 스파 프로그램이다.

포시즌 호텔은 발리 섬에서 바다를 끼고 있는 짐바란 만(Jimbaran

Bay)과 산을 끼고 있는 사얀(Sayan) 지역에 각각 리조트를 두고 있는데, 서로 다른 지역적 특색을 충분히 발휘하도록 짐바란의 스파도 특별히 설계되었다. 또한 바다 소금으로 바디 마사지를 하는 'Rain shower'는 따뜻한 물기둥이 빗물처럼 치료부분을 두드려주기 때문에 마치 바다 안에서 샤워를 하는 듯한 신선한 느낌을 준다. 이것이 바로 짐바란에서 가장 인기 있는 스파 프로그램 중의 하나이다.

포시즌 짐바란 스파의 핵심은 바로 해양 원소와 스파의 완전한 결합이다. 짐바란 만의 백색 모래사장을 껴안고 있는 이곳에서는 바다 머드와 바다 소금으로 스트레스와 부담감에서 몸과 마음을 해방시킬 수 있다. 육지에서의 번뇌와 욕망을 잊고 바다에서 노니는 한 마리 물고기가 된 것 같은 느낌을 체험해보자.

# 탈라쏘 & 스파
# (리츠칼튼 리조트)

**Thalasso & Spa at The Ritz-Carlton, Jimbaran**

P.75A1
JI Karang Mas Sejahtera, Jimbaran 80364
(62-361)702222
(62-361)701555
7:00~22:00
www.ritzcarlton.com/en/properties/bali

유럽, 미주, 일본 등의 매체에서 스파 대상을 획득한 리츠칼튼 리조트의 탈라쏘 &스파 (Thalasso & Spa)는 2003년에 「Conde Nast Traveller」, 「Travel & Leisure」 등의 독자들이 평가한 전 세계 최고의 스파 프로그램 중 1위에 선정되었으며, 또한 CNN이 선정한 아시아 최고 스파이기도 하다.

스파 지역에 들어서면 먼저 눈 앞에 초대형 수영장(Aquatonic Seawater Pool)이 펼쳐진다. 끊임없이 쏟아지는 강력한 물줄기와 작은 물보라를 일으키는 마사지 탕 등은 리츠칼튼 스파의 해수(海水) 치료 요법을 발리 섬에서 최고로

만들어주었다. 해수 요법에서 중요한 부분은 역시 해수이다. 바닷물에는 인체에 유익한 미세입자가 다양하게 포함되어 있는데 이들은 인체에 쉽게 흡수되어 손상된 피부를 재생시키도록 도와준다. 리츠칼튼 탈라쏘 스파에는 해수 치료탕 외에도 아쿠아 치료 월풀, 강력한 물기둥 등의 시설이 있는데 모두 인도양의 바닷물을 끌어 쓰고 있다. 해조류 역시 해수 요법의 중요한 요소로, 바닷속에는 2만여 종의 해조류가 서식하고 있다. 이들은 비타민, 미네랄, 미세입자, 아미노산 등이 풍부하게 함유되어 있어 호흡계통을 개선하고 심폐 기능을 강화시키며, 적혈구의 생성을 돕는 등의 작용을 한다.

마사지 종류로는 꽃잎 마사지, 모래주머니 마사지 등이 있고, 전통 발리 스타일의 마사지와 일본식 Shiatsu, 발 마사지 등도 있다.

꽃잎 마사지는 신선한 러브하와이, 장미 등의 꽃잎으로 전신을 덮은 다음, 부드러운 꽃잎으로 전신을 문질러 꽃잎에서 나오는 즙을 피부에 흡수시켜 긴장된 신경계를 완화시키고 피로를 회복할 수 있도

록 하는 것이다. 모래주머니 마사지는 열석(熱石) 마사지에서 발전된 것으로, 작은 모래주머니 안에 레몬그라스, 야생 생강, 정향 등의 허브를 넣어 훈제한 다음, 약한 여열을 이용하여 안마하는 것이다. 임파선을 자극하여 체내의 독소를 제거하고 근육을 이완시키는데 효과가 있다.

바디 프로그램 중에는 독창적인 쿠부 비치(Kubu Beach) 프로그램이 가장 특색 있다. '쿠부 비치'는 리츠칼튼 소유의 해변인데, 이 프로그램에서 사용하는 해수와 가는 모래가 이곳의 것이기 때문에 쿠부 비치라는 이름이 붙게 되었다. 먼저 시원한 레몬수로 발을 깨끗하게 씻은 다음 쿠부 해변에서 가져온 가는 모래와 해조류를 이용하여 양발을 마사지하는 프로그램이다.

그 다음에는 발리 스타일의 바디 마사지가 시작되며, 프랑스에서 만들어진 해초 팩을 이용한 피부 관리 프로그램이 이어진다. 이 해초 팩에는 피부를 진정시키는 성분이 함유되어 있으며, 비타민이 풍부하게 함유된 그레이프프루트 및 오렌지꽃 등은 피부의 보습효과가 뛰어나다.

## 추천 SPA

| 관리 명칭 | 가격(달러) | 관리 시간(분) |
| --- | --- | --- |
| 꽃잎 마사지(Aromatic Petal Massage) | 95 | 80 |
| 모래주머니 마사지(Hot Sand & Herbal Steam Massage) | 95 | 80 |
| 바디 관리(Kubu Beach) | 130 | 120 |
| 자바 룰루르(Javanese Lulur) | 110 | 90 |
| 섬 마린 슬리밍 트리트먼트<br>(Thermes Marins Slimming Treatment) | 100 | 70 |
| 탈라소 테라피(Thalasso Experience) | 75 | 50 |
| 해수 풀(Aquatonic Seawater Pool) | 40 | 120 |

# 만다라 스파
## (누사두아 닛코 리조트)
### Mandara Spa at Nikko Resort

P.75B2

Jl. Raya Nusa Dua Selatan, P.O. Box 18, Nusa Dua

(62-361)773377

(62-361)773388

8:00~23:00

www.nikkobali.com

누사두아 해변의 절벽에 위치한 닛코(Nikko) 호텔은 발리에서 절대적으로 뛰어난 경치를 자랑한다. 건물은 하얀 모래사장을 따라 40m 높이의 절벽에 위치해 있으며, 붉은 벽돌의 지붕은 불가사의할 정도로 푸른 하늘과 대조를 이루고 있다.

엘리베이터를 타고 옥상으로 올라가서 아래를 내려다보면 구불구불 불규칙한 모양의 수영장이 내려다보이고, 또한 멀리 넓은 바다를 바라다보면 마치 이곳이 파라다이스 같은 느낌이 든다.

닛코 호텔의 스파는 만다라(Mandara)에서 경영 관리하고 있다. 만다라는 발리 스파의 선구자라고 할 수 있으며, 또한 현재 발리섬의 최대 스파 체인점이기도 하다. 수많은 5성급 호텔과 골프 클럽에 부설된 스파는 거의 대부분이 만다라 체인 중의 하나라고 봐도 무방하다.

만다라(Mandara)라는 말은 인도의 오랜 전설에서 따온 것으로, 경전에 만다라는 성스러운 산이며, 이곳에서 흘러나오는 샘물은 강력한 파괴력과 재생 능력을 가졌다고 기록하고 있다. 즉 새롭게 하는 마력과 끊임없는 생명력을 대표한다고 할 수 있다. 만다라 스파는 이러한 정신을 계승하여 고객들에게 생명력이 충만한 아름다움을 제공하고자 목표하고 있다.

만다라 스파는 오랫동안 이어져오는 옛 지혜를 활용하여 허브와 결합한 마사지, 아쿠아 치료 등을 통해 보양하고, 하늘과 땅에 대한 경건한 마음으로 몸과 마음을 다스리는 전형적인 발리 스타일의 스파 프로그램을 운용하고 있다.

2인 마사지는 만다라 스파의 대표

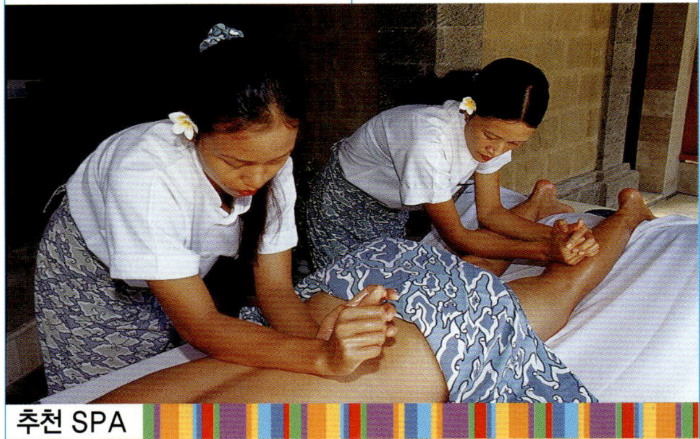

## 추천 SPA

| 관리 명칭 | 가격(달러) | 관리 시간(분) |
| --- | --- | --- |
| 발리 스타일(Balinese) | 55 | 50 |
| 2인 마사지(Mandara Massage) | 95 | 50 |
| 열석(熱石) 마사지(Warm Stone Massage) | 63 | 50 |
| 순수 자연 얼굴 관리(Pure Nature Facial) | 55 | 50 |
| 세트 관리(Ultimate Indulgence) | 215 | 140 |
| 하모니 세트 관리(Harmony) | 127 | 110 |

적인 마사지 프로그램인데, 이 프로그램은 하와이에서 비롯된 것이다. 일본식 Shiatsu, 태국식, 하와이 Lomi Lomi, 스웨덴식, 발리식 등의 5종류의 마사지 기법을 혼합하여 개발하였다. 2명의 안마사가 같이 마사지를 해주는데, 그중의 한 명은 Mother라고 불리고, 나머지 한 명은 Mirror이다. 이 두 사람은 같은 리듬으로 각각 대칭되는 부위를 마사지하는데, 심지어는 호흡까지도 완전히 일치해야 최상의 마사지 효과를 낼 수가 있다고 한다.

닛코 호텔의 스파는 호텔의 가장 아래층에 위치하며, 아름다운 수영장은 스파 지역을 두 부분으로 나누고 있다. 주 건물의 지하에는 리셉션과 5개의 아로마 치료실, 헬스 클럽, 사우나, 증기 욕실, 미용 살롱을 비롯하여 동굴처럼 생긴 Jacuzzi도 있다. 수영장의 작은 아치형 다리를 건너면 해변 옆에 위치한 작은 빌라들이 나오는데, 이곳이 바로 은밀함을 강조하는 2인 스파 빌라이다. 넓은 공간에는 전통적인 반개방형 건물이 있는데, 개인 욕실, 욕조 및 정원이 딸려 있다. 마지막으로 아로마 치료사들의 부드러운 관리를 받게 되면 순식간에 아름다운 꿈나라로 빠져들게 된다.

## 자무 스파
**Jamu Spa at Alam Kul Kul**

P.71B3
Jl. Pantai Kuta, Legian
(62-361)752520
(62-361)766377
9:00~21:00
www.jamutraditionalSpa.
com
jamubali@jamutradition-
alspa.com

알람 쿨쿨(Alam Kul Kul) 호텔은 쿠타(Kuta) 해변 옆에 위치한 작

지만 우아한 호텔이다. 이 호텔의 스파는 자무 전통 스파(Jamu Traditional Spa)에서 경영하고 있으며, 대나무, 등나무 등을 이용하여 만든 골동 가구와 현지 수공예품 등이 진열되어 따뜻한 분위기를 연출하고 있다.

이곳에서 제공되는 서비스는 비교적 간단하며, 선택의 폭도 그다지 넓지 않지만 세심하게 관리되고 있다. 예를 들어 바디 마사지의 경우 한 종류만 제공되지만 발리 스타일과 경락식 마사지가 결합되어 있다. 바디 프로그램은 크게 전통 방식과 최신 방식으로 나뉘는데, 전자의 경우는 룰루르, Boreh, Kemiri Nut Scrub, Coconut Mangir 등이 포함된다. Kemiri는 '쿠쿠이 나무'라는 뜻으로 'Candlenut'이라고도 불린다. 발리 사람들은 이전부터 쿠쿠이나무의 가루를 이용하여 몸을 씻었는데, 여기에는 비타민E와 Omega 3가지가 풍부하게 함

## 웰빙 스파
**Well Being Spa**

P.71A1
Jl. Lasmana No. 66b,
Seminyak, Kuta
(62-361)735573
(62-361)732226
9:00~22:00

웰빙 스파(Well Being Spa)는 쿠타에서 가장 번화한 시내 북부에서 차로 약 20분 정도 떨어진 곳에 위치한다. 거리가 약간 멀기 때문에 사전 예약을 하면 이곳에서 픽업서비스를 제공해준다. 이곳의 사방은

온통 녹색의 논밭이며, 특이한 창문이 나있어 웰빙 스파를 동화 속의 작은 집처럼 보이게 한다. 대리석과 벽돌로 지어져 있으며, 밝고 깨끗한 분위기는 청결을 중시하는 일본인들에게 인기가 높아 많은 일본인들이 이곳을 찾고 있다. 비용은 일반 스파 전문점보다 약간 비싸지만 일단 한번 가보면 그 가치를 느끼게 될 것이다.

Rejuvenation은 사실 소위 말하는 룰루르 세트 프로그램이다. 이곳에서 사용하는 룰루르 팩의 색깔은 약간 하얀 편인데, 이는 원재료

## 추천 SPA

| 관리 명칭 | 가격(달러) | 관리 시간(분) |
| --- | --- | --- |
| Well Being Massage | 65 | 90 |
| 아로마 테라피(Aromatherapy) | 80 | 120 |
| The Touch of Well Being | 80 | 120 |

유되어 있어 건성, 민감성 피부에 특히 적합하다. Coconut Mangir 는 청결효과가 특히 뛰어난 룰루르(Lulur)의 일종으로 쌀가루, 신선한 야자 가루, 당근 가루, 꽃잎, 증류수 등을 섞어 만든 것이다. 마사지를 할 때 팩을 온몸에 바르면 피부 깊숙한 부분까지 청결해지는 효과가 있어 특히 남성들에게 적합하다.

## 추천 SPA

| 관리 명칭 | 가격(달러) | 관리 시간(분) |
| --- | --- | --- |
| Kemiri Nut Scrub | 65 | 90 |
| Coconut Mangir | 80 | 120 |
| 자바 룰루르(Javanese Lulur) | 80 | 120 |

에 울금 가루를 사용하지 않고, 쿠쿠이나무, 인삼, 알로에 등을 주로 사용하고 있기 때문이다.

또한, 이곳의 아로마테라피는 좀 특별하다. 임파선 마사지와 발마사지를 결합하는 동시에 아로마 오일을 이용하여 편안함을 느끼도록 한다. 임파선은 인체 내의 항체 운반과 독소 배출 등을 담당하고 있기 때문에 가볍게 임파구를 자극하면 독소를 좀 더 빨리 배출할 수 있고 인체의 면역력을 높이는 효과도 있다.

Exotic touch of Bali는 Boreh 피부 관리와 아로마테라피 마사지를 결합한 것으로, 장기간 책상에 앉아 있는 직장인들에게는 신진대사를 촉진시키는 효과가 있다.

# Ⓗ 숙박

## 포시즌 짐바란 리조트
## Four Seasons At
## Jimbaran bay

P.75A1　Jimbaran 80361
(62-361)701010　(62-361)701020
8:00~23:00
www.fourseasons.com/jimbaranbay
reservation.fsr@fourseasons.com

　미국의 유명 여행잡지 『Conde Nast Traveller』 독자들이 선정한 최고의 호텔로 손꼽히는 발리 섬의 포시즌 짐바란 리조트는 발리의 대표적인 최고급 호텔이다. 발리 섬의 전통 마을 모습에서 영감을 얻어 구상되었으며 촌락의 광장, 정원 등을 포함한 건물과 촌락의 골목 등이 재현된 리조트는 여러 개의 촌락으로 이루어져 있다. 로비 등의 주요 시설은 중앙 건축물에 있고, 각 촌락은 20~25개의 빌라로 이루어져 있다. 정원이

포함된 빌라는 전통 발리의 가옥 양식으로 지어졌으며, 몇 개의 건물은 야외 일상생활 공간과 침실, 샤워실 등으로 구성되어 있다.

럭셔리함, 은밀함, 널찍함 등이 각 빌라의 특징이며, 건축가와 실내 인테리어 디자이너는 전통 발리 스타일의 대나무 지붕과 우아한 인도네시아 가구, 열대 스타일의 정원 조경 등을 결합하여 디자인하였다. 각 빌라에는 모두 작은 석조 사당이 설치되어 있는데, 사당 안에는 화려한 꽃잎이 제물로 놓여있다. 석조 사당은 짐바란 만과 마주보고 있는 화산을 바라보고 있는데 이는 신을 공경하는 현지의 전통 정신을 상징한다.

대형 유리창을 통해 경치를 감상할 수 있으며, 에어컨을 켜거나 창문을 열고 침대에 누우면 전형적인 동남아시아의 하늘하늘한 침대 캐노피가 이국적인 분위기를 풍긴다.

연못 옆에 있는 작은 폭포에서 나는 물소리를 들으며, 공기 중에 옅게 흩날리는 러브 하와이의 향기와 함께 야외 자리에 앉아 차 한 잔을 마시면 그야말로 몸과 마음이 평안해진다. 야외에는 편안한 긴 의자와 쿠션, 식사용 원형 탁자, 냉장고, 작은 바 등이 마련되어 있어 언제나 이곳에서 차 또는 커피를 타 마실 수 있고, 식사도 주문할 수 있다. 연못 옆의 촛불이 저녁 놀 사이로 빛나면 짐바란 만의 바닷물은 일순간에 잔잔해지고, 바다 위에 있던 배들도 하나둘 집으로 돌아간다. 밤이 되면 별빛과 촛불을 감상하면서 식사를 할 수 있는데, 사랑하는 사람과 함께 한다면 그야말로 로맨틱 그 자체가 될 것이다.

🔺 P.75A1

🏠 Jalan Karang Mas
Sejahtera Jimbaran

☎ (62-361)702222

📠 (62-361)701555

💲 스위트룸, 빌라 등의 객실 종류와 성수기, 비성수기 등에 따라 가격이 다르다. 비성수기에 일박당 260~420달러 정도.

🌐 www.ritzcarlton.com/en/properties/Bali

휘황찬란한 대리석 욕실에는 세심하게 목욕 용품이 마련되어 있고, 꽃으로 장식된 텔레비전 장식장이 침대 맞은편에 자리 잡고 있다. 테라스 앞의 큰 창문에는 편안한 침대식 의자가 있고, 테라스에는 촛불을 감상할 수 있는 작은 테이블이 마련되어 있다. 이 모두는 보통 등급의 객실에서도 누릴 수 있는 것으로, 리츠칼튼 호텔 브랜드의 화려함을 느낄 수 있다.

유명 여행 잡지 『Conde Nast Traveller』가 2002년 전 세계에서 가장 훌륭한 리조트 중 8위로 선정한 리츠칼튼 호텔은 바다를 끼고 있는 스위트룸 외에도 절벽과 인접한 1~3개의 방을 가진 48개 동의 빌라가 있다.

리츠칼튼 리조트는 할인을 하지 않는 대형 호텔이다. 전체 건물은 대리석으로 되어 있으며 발리의 전통 초가지붕이 덧붙여져 있다. 로비의 격조 높은 가구들은 유럽식 펜던트 조명과 잘 어울린다. 저녁놀 무렵에는 보라색 구름이 대리석 바닥에 아름답게 비쳐 마치 호화저택에 있는 것 같은 느낌을 받게 한다. 또한 이곳은 '풍수'가 고려되었는데, 호텔이 위치한 절벽은 '양(陽)'을 대표하며, '음(陰)'을 대표하는 바다와는 서로 평행을 유지하고 있다. 이는 사람과 천지간의 화합을 상징한다고 한다.

9개의 특징 있는 레스토랑은 리츠칼튼 호텔의 또 다른 명물이다. 그날의 기분과 좋아하는 요리, 식사 분위기 등에 따라 다양한 선택이 가능하다. 그중 Kisik Bar and Grill은 절벽 안에 위치한 작은 레스토랑으로 높

 이 숏은 산을 뒤로 하고 있어 세상과 격리된 파라다이스 같은 분위기이
다. 짐바란 만의 독특한 석양을 감상하고 싶다면 꼭 이곳에 와서 칵테일
을 맛보며 파도 소리와 환상적인 저녁놀을 느껴보자. 앞에 있는 방파제
에서는 발리 전통음악 밴드의 라이브 공연도 있어 시원한 바닷바람을 맞
으면서 음악을 즐기는 즐거움도 같이 누릴 수 있다.
 신혼여행을 온 신혼부부와 커플들의 은밀한 시간을 위해 리츠칼튼은 특
별히 개인 로맨틱 식사(Romantic Repasts) 코스를 준비하고 있는데, 이
곳에서 강력하게 추천하는 프로그램 중의 하나이다.

# Bali Impian Pool Suite & Jacuzzi Suite

⚑ P.75A2

⌂ 짐바란의 구릉 지역(Bukit)에 위치해 있으며, 쿠타 번화가에서 차로 15~20분 정도 소요.

💲 240~300달러

🌐 www.balivillas.com

　두 채의 2인용 객실은 위층, 아래층으로 구분되어 있으며, 따로 혹은 같이 사용할 수 있다. 인원수가 많은 경우에는 옆방의 Villa Bali Impian과 같이 사용이 가능하다. 열대 밀림을 연상케하는 인테리어로 세상과 격리된 듯한 느낌을 준다.

　스위트룸은 편안하고 아늑한 침실과 욕실, 그리고 시청각 시설이 완비된 거실, 주방, 테라스 등으로 이루어져 조금의 부족함도 없다. 거실은 발리 스타일의 그림과 가면 등으로 특색 있게 인테리어 되어 있으며, 침실 내부에는 킹사이즈의 침대가 있어 그 위에서 편안하게 하루 종일 뒹

# Villa Bali Impian

⚑ P.75A2

⌂ 짐바란의 구릉 지역(Bukit)에 위치하며 Bali Impian Pool Suite와 서로 이웃하고 있다.

💲 580~725달러

🌐 www.balivillas.com

　이곳은 짐바란 구릉에 위치한 고급 빌라로, Balivilla.com의 독일계 사장이 포시즌 호텔을 설계한 거장 디자이너에게 설계를 맡긴 곳이다. 명품 브랜드의 가구, 침구 등을 사용하여 곳곳마다 럭셔리하지 않은 곳이 없다.

　개방식으로 설계되어 아름다운 바다 전망을 마음껏 감상할 수 있을 뿐만 아니라, 위층의 스위트룸에는 복고풍의 사각 침대와 로맨틱한 침대 휘장이 바닥을 덮고 있다. 욕실 안에는 초대형 Jacuzzi 마사지 욕조가 설치되어 있어 연인들은 이곳에서 마사지를 즐기거나 향기로운 술로 흥을 돋울 수도 있다. 앞에 있는 작은 테라스는 석양 등의 풍경을 즐기기에 좋다. 아래층의 객실 테라스에는 해먹(hammok)이 설치되어 책을 읽거나 낮잠을 자기에 좋다. 욕실에는 마사지 풀은 없지만 발리 스타일의 노천 샤워 시설이 마련되어 있어 속살이 드러날까 걱정할 필요 없이 야외에서 샤워를 즐길 수 있다.

　초대형 수영장은 빌라가 자랑하는 호화 시설로, 살랑살랑한 바람을 맞으며 분위기 있는 촛불과 함께 저녁 식사를 즐기는 것은 그야말로 매력 만점이다.

굴 수 있을 것 같은 느낌이다.

 아래층에 있는 스위트룸 앞쪽에는 열대 정원과 Bali Pool Suite라는 이름의 소형 수영장이 있다. 하루 종일, 그리고 별이 총총 박힌 밤하늘 아래에서 수영을 즐기기에 적합하다. 위치가 은밀하기 때문에 나체로 수영하는 짜릿한 경험도 가능하다. 위층의 Bali Jacuzzi Suite에는 초대형 마사지 욕조가 설치되어 있어 호화로운 시설을 이용할 수 있다. 객실은 꽤 높은 곳에 위치하고 있기 때문에 전망이 상당히 좋다. 날씨가 맑은 날에는 심지어 아궁 화산도 조망할 수 있다.

# Villa Bukit Hideaway

 P.75A2
 짐바란의 구릉 지역(Bukit)에 위치해 있으며, 쿠타 번화가에서 차로 15분 정도 소요.
 320~400달러
 www.balivillas.com

 벨기에 출신의 주인은 지중해와 발리 섬의 스타일을 운용하여 상당히 특색 있는 빌라를 지었다. 건물 곳곳에 독특한 모양의 가면과 조각 작품 등이 있어 이로부터 주인의 예술적 취향을 엿볼 수 있다.

 레스토랑과 응접실에는 큰 유리창을 사용하였고, 창문을 열면 사방으로 바람이 통하는 일종의 정자 같은 스타일로 매우 쾌적하다. 바깥에는 거울같이 맑고 파란 수영장이 뜨거운 태양 아래에서 사람들을 유혹한다. 수영하다가 지치면 곁에 있는 정자에 올라 휴식을 취하면서 바다와 공항의 비행기가 이착륙하는 모습을 구경할 수도 있다. 종업원에게 시원한 과일 주스나 맥주를 주문하여 마시면 천국과 같은 즐거움을 누릴 수 있다.

 3개 객실의 분위기는 모두 스타일이 서로 다른데, 특히 욕실 인테리어에 많은 신경을 썼다. 욕실의 대형 열대 수족관은 사람이 열대어를 감상하는 것인지, 열대어가 사람을 구경하는 것인지를 가늠할 수 없게 한다. 샤워기 또한 아주 특이한데, 발리 섬에서 가장 흔하게 볼 수 있는 야자 껍질을 활용하여 생동감 있으면서도 재미있게 꾸며놓았다.

## Uluwatu Surf Villa

🔺 P.11C4
🏠 울루와투 절벽사원에서 차로 약 5분 거리에 위치하며 공항에서는 차로 40분 정도 소요.
💲 280~350달러
www.balivillas.com

  Uluwatu Surf Villa는 서핑 지역에 위치하고 있다. 서핑을 할 줄 모른다고 해도 밤마다 절벽에 부딪히는 파도소리를 듣고만 있어도 마음이 설렐 것이다. 빌라의 주인은 남아프리카 공화국 출신으로 바다를 좀더 즐길 수 있도록 객실과 침실 모든곳에 대형 유리창을 설치하여 실내에서도 바다 전망을 즐길 수 있도록 하였다. 그래도 만족할 수 없다면 대형 유리창을 전부 열어 바다와 하늘이 맞닿은 부분을 감상할 수도 있다.

  실내 인테리어는 심플리즘을 표방하고 있는데, 바닥은 특별 제작한 석회석에 다양한 조개껍질을 박아 넣어 마치 바다 용궁 같은 느낌을 연출한다.

  Uluwatu Surf Villa는 절벽 위에 위치하고 있어 바다 수영을 즐기기에는 적합하지 않다. 하지만 실내 수영장이 있고, 그 옆에는 정자가 마련되어 있어 애프터눈 티를 즐기기에 부족함이 없다. 이곳의 저녁 풍경은 더욱 아름다운데, 밤바다에 어선 등불이 점점이 빛이 나면 마치 번화한 해상도시 같은 느낌이 든다. 단, 빌라가 깎아지른 듯한 절벽 위에 위치하기 때문에 안전에 유의해야 하며, 어린이를 동반한 여행자들에게는 적합하지 않다.

# Villa Sanur Valia

P.70A4

사누르 지역에 위치해 있으며, 공항과는 차로 20분 정도 거리임.

280~350달러

www.balivillas.com

사누르 남쪽 지역의 작은 골목에 위치한 이 빌라에는 비록 푸른 바다와 하늘 전망은 없지만, 입구의 대리석 통로부터 내부 조경까지 아주 훌륭하다. 빌라의 여주인은 오스트레일리아 출신의 보석 디자이너로 발리 출신의 사장과 결혼하면서 이곳에 자리 잡게 되었다. 그래서인지 빌라의 곳곳에는 현대적이면서도 다른 곳과 차별화되는 특성이 눈에 두드러지게 드러난다. 외부는 발리 섬의 목조 초가지붕 스타일을 적용하여 지어졌으며, 내부는 깨끗한 대리석으로 장식되어 있다. 거울 틀, 초롱, 창틀, 수건걸이 등은 철 소재로 제작되어 배치되어 있는데, 실내의 다른 전통적인 소재들과 조금도 어색함 없이 잘 어울린다. 메인 침실은 서구적으로 설계되었고 넓은 탈의실이 딸려 있다. 반 노천식의 샤워실은 유리 천장을 사용하여 햇볕을 즐기면서도 비바람을 맞지 않도록 설계되어 있다.

뒷뜰에는 전통 사당이 마련되어 있다. 종교 생활이 풍부한 발리 섬에는 일반 가정에 모두 전통 사당이 설치되어 있는데 관광객들은 이를 보기 힘들다. 이러한 전통적인 모습을 체험하기 위해 관광객들은 이곳을 찾기도 한다.

# Rumah Bali Villa

P.75B1

Tanjung Benoa 반도, 공항과는 차로 20분 정도 거리임.

(62-361)771256   185~400달러

www.balifoods.com/villa

Rumah Bali Villa와 발리 섬에서 유명한 레스토랑인 Bumbu Bali는 Heinz von Holzen의 소유이다. 그는 발리 섬의 촌락을 디자인 콘셉트로 삼아 저명한 디자이너 Bapak Ketut Artana와 함께 발리 문화를 지니면서도 쾌적한 환경을 가진 이곳을 설립하였다.

발리 섬의 촌락은 사회, 종교 및 경제적 조직이라는 특징을 갖고 있는데, 일반적으로 사당을 중심으로 사회 계급(Banjar)에 따라 무리를 짓고 산다. 각 Banjar에는 회의센터가 설치되어 있고, 이곳에서 사회생활의 핵심이 결정된다. Rumah Bali는 촌락을 모방하여 설계되었으며, 중심의 대형 활동 센터에서는 예술 공연 등이 열리고 이곳에 묵는 손님들이 발리 섬 사람들의 생활을 체험할 수 있도록 준비되어 있다.

푸른 자연과 아늑한 환경, 그리고 늘 웃음으로 대하는 종업원들은 문화생활이 가득한 휴가를 보낼 수 있도록 도와줄 것이다. 요리 프로그램을 신청할 수도 있으므로 시간만 충분하다면 이곳에서 많은 것을 배울 수 있다.

# Denpasar 덴파사르

# 덴파사르

## Denpasar

**덴**파사르(Denpasar)의 파사르(Pasar)는 '시장'이라는 뜻으로, 일찍이 이곳이 교역의 중심이었음을 지명에서부터 알 수 있다. 과거 30년간 덴파사르는 하루가 다르게 빠른 속도로 발전하였고, 수도라는 이점으로 관광객들이 당연히 방문하는 지역이기도 했다. 그러나 남부 해변의 도시들이 편의시설 등을 갖추게 되면서 관광객들은 그곳으로 몰리게 되었고, 덴파사르는 점차 소외되게 되었다. 하지만 다행히도 이곳이 교통의 요충지라는 점과 박물관, 시장들을 방문하려는 사람들로 여전히 명맥을 유지하고 있다. 앞으로 이 지역의 무역과 상업이 발전된다면 관광객들은 더욱 몰릴 것이다.

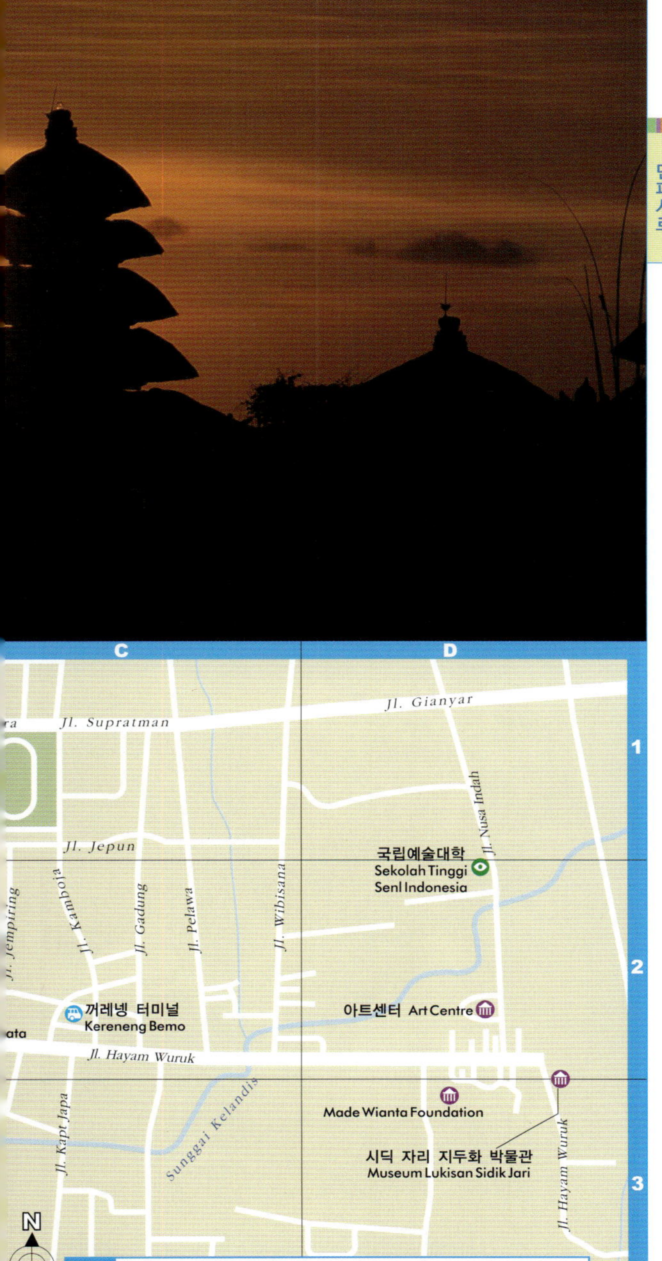
Jl. Gianyar
Jl. Supratman
ra
Jl. Nusa Indah
1
Jl. Jepun
국립예술대학
Sekolah Tinggi
Senl Indonesia
Jl. Jempiring
Jl. Kamboja
Jl. Gadung
Jl. Pelawa
Jl. Wibisana
2
꺼레넹 터미널
Kereneng Bemo
아트센터  Art Centre
ata
Jl. Hayam Wuruk
Jl. Kapt Japa
Sunggai Kelandis
Made Wianta Foundation
시딕 자리 지두화 박물관
Museum Lukisan Sidik Jari
Jl. Hayam Wuruk
3
N
C                              D
기호  여행자 서비스센터  명소  버스역  숙박  박물관  쇼핑  사찰

## 시장
**Pasar**

P.116A2

Jl. Gajah Mada 도로에 위치

덴파사르(Denpasar)에서 '파사르(pasar)'는 시장이라는 뜻으로, 이름에서부터 바로 시장이라는 것을 눈치챌 수 있다. 바둥 시장(Pasar Badung)과 꿈바사리 시장(Pasar Kumbasari)은 관광객들이 가장 많이 찾는 전통 재래 시장이기도 하다. 바둥 시장의 주요 손님은 현지 주민들이다. 1층에는 야채를 팔고, 2층에는 일상 용품을 팔고 있다. 어지러운 건물과 수많은 인파는 매일 아침마다 만나게 되는 풍경이다. 다소 특이한 점은 현지 부녀자들이 시장에 올 때 바구니나 수레를 끌고 온다는 것이다. 발리 여인들은 물건을 사면 모두 머리 위로 얹는 기이한 풍경을 연출한다. 물론 이런 것을 따로 배울 필요는 없고, 단지 1,000~2,000Rp. 정도면 대신 짐을 져 달라고 부탁할 수 있다. 온갖 직업 중에서 이러한 직업은 이곳에서만 볼 수 있다.

관광객들은 이곳에서 보통 전통 수공예품, 염색 천 등을 쇼핑한다. 꿈바사리 시장의 2, 3층에는 헝겊, 공예품 등을 팔고 있으며, 이곳에서는 가이드 수수료 같은 추가 비용이 없기 때문에 원래 계획보다 더 사게 될지도 모른다.

## 푸푸탄 광장
**Puputan Square**

P.116B2

JI. Surapati 도로의 자갓 나타 사원과 이웃하고 있다.

'푸푸탄(Puputan)'의 원래 의미는 '죽음을 각오한 싸움'이다. 이 싸움의 상대는 바로 19세기 중엽의 네덜란드인이었다. 네덜란드인은 1597년에 처음 발리 섬에 발을 내딛었으며 향료 시장의 개척과 동시에 폭력적인 수단을 사용하여 이곳을 침공했다. 발리 사람들의 뜻밖에 항거로 인해 북부에 기반을 잡았던 네덜란드인들은 1906년에야 남쪽까지 내려올 수 있었다. 당시 덴파사르는 발리 사람들이 목숨을 걸고 사수하던 최후의 거점이었고, 무기와 식량이 떨어지자 덴파사르의 바둥 왕국(Badung)의 지도자들은 이에 항복하지 않고 자살을 선택하였다.

푸른 풀밭에는 한 쌍의 남녀와 두 어린 아이의 조각이 있는데, 이는 과거를 잊지 말자는 의미로 세워졌다. 네덜란드인을 제외한 외국인들 중에 이러한 역사적 사실을 아는 사람들은 많지 않기 때문에 풀밭과 조각은 단지 기념사진을 찍는 곳이 되고 있다.



## 자갓 나타 사원
**Pura Jagatnata**

P.116B2

JI. Surapati 도로에 위치하며 푸푸탄 광장과 이웃하고 있다.

무료. 보시 방식을 채택하고 있으며, 보시 금액에는 사롱(sarong, 동남아시아 일대의 사람들이 입는 치마)을 빌리는 비용이 포함되어 있다.

발리 박물관과 붙어있는 이 사원에서는 발리의 최고신인 상향 위디(Sanghyang Widi)를 모시고 있다. 현지인들에게는 매우 예사롭지 않은 장소이지만, 사원의 외관이 그다지 눈에 띄지 않아 누가 얘기해 주지 않으면 눈앞에 두고도 알아볼 수 없을지도 모른다.

자갓 나타 사원(Pura Jagat Nata)의 주신(主神)은 흰색 산호를 깎아 만든 것으로, 그 위에는 다른 사원과 마찬가지로 아무 것도 없이 텅 비어있다. 단지 뱀에게 물린 거북이 장식이 더 있을 뿐인데, 이들은 전설 중에 하늘을 열고 땅을 만든 신이라고 한다.

이 사원은 1953년 건립된 이래 늘 참배자들이 끊이지 않고 있으며, 크고 작은 제사가 잇달아 거행된다. 이로 인해 때때로 오후에는 문을 닫고 의식이 거행되기도 하며, 매월 보름에는 더욱 성대한 행사가 거행된다. 각 의식은 달력의 계산 방식에 따라 날짜가 달라진다. 만약 의식을 제대로 구경하고 싶다면 여행자 서비스센터에 가서 자세한 날짜를 물어보도록 하자.

● **덴파사르 여행자 서비스센터**
Department of Tourism, Art and Culture Bali Regional Office

JI. Raya Puputan Niti Mandala Denpasar

(62-361)225649

# 프므추탄 궁전

**Puri Pemecutan**

- P.116A3
- Jl. Thamrin, No2, Denpasar
- (62-361)423491
- 9:00~17:00
- 무료

 발리 섬 남부의 건축 양식은 다량의 붉은 벽돌로 정교한 조각 장식을 돋보이게 하는 특징이 있다. 그 중에서도 덴파사르에 위치한 오랜 역사의 프므추탄 궁전은 꼭 둘러보아야 할 명소이다. 덴파사르 시 중심에서 약 200m 떨어진 거리에 위치하고 있으며, 18세기 후반 바둥 왕실의 주요 궁전 중의 하나이다.

 1906년, 네덜란드 군사들이 성 아래에까지 진격했을 때, 통치 권력을 상징하였던 프므추탄 궁전은 무자비하게 훼손되었고, 역사적으로 유명한 '푸푸탄 의식'이 벌어졌다. 현재의 위치에 세워진 건물은 후에 복원된 것이며, 지금은 호텔을 겸하고 있다. 비록 옛날식 건물의 외관을 하고 있지만, 텔레비전, 전화, 에어컨, 목욕 위생 시설까지 부족함이 없다. 2인실의 하루 숙박비는 200,000Rp.이며, 궁전에서 숙박한다는 점을 고려할 때 비용은 결코

비싼 편이 아니다.

 왕실 내원(內院)에는 3개의 공간이 있다. 앞 공간의 이름은 자바 시시(Jaba Sisi)이고 중간 공간은 Jaba Tengah라고 하는데, 귀빈을 맞이하거나 의식 등을 치르는 곳이자 호텔이 위치하고 있다. 가장 내부의 뒷 공간은 Jaroan으로, 신에게 기도를 드리거나 제사를 지내는 장소이다.

 궁전은 현재 아낙 아궁(Anak Agung)이 이끌어 나가고 있으며,

새로운 국왕은 Anak Agung Manik Parasaraida Cokorda, Pemecutan XI이다. 프므추탄 궁전은 1608~1945년까지 정치적 실권을 갖고 있었으나, 지금은 발리 정부에 건의를 하는 권리만을 갖고 있다. 하지만 문화, 예술 방면에서는 여전히 일정한 영향력을 갖고 있다. 왕실의 왕자가 설립한 '시딕 자리 박물관'에서도 그 영향력을 엿볼 수 있다.

## 푸푸탄 의식

 1906년, 이 궁전은 네덜란드와의 전쟁에서 엄청나게 훼손당한다. 2,000여 명이 목숨을 잃었을 뿐만 아니라, 발리 섬의 바둥 왕실 역시 집단 자살을 선택하였다. 이를 바로 '푸푸탄 의식'이라고 한다.

 오늘날 푸푸탄 광장(Taman Puputan)에서는 남녀 커플이 두 명의 어린이를 데리고 있는 전쟁 기념 동상이 세워져 있는데, 이는 왕실의 국왕과 그 형제를 기념하기 위한 것이다. 그중에 살아남은 어린이가 바로 화가 'I Gusti Ngurah Gede Pemecutan'의 부친이라고 하며, 그는 덴파사르 프므추탄 왕실에서 설립한 '시딕 자리 박물관'의 관장이기도 하다.

# 시딕 자리 지두화 박물관

**Museum Lukisan Sidik Jari**

P.117D3

Jalan Hayam Wumk 175, Tanjung Bungkak, Denpasar

(62-361)235115

9:00~18:00(국정 공휴일 휴관)

자유 기부금

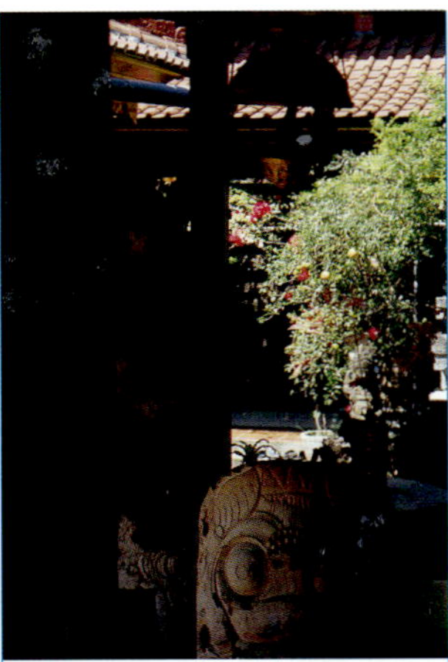

왕자 출신 화가인 Ngr. Gede Pemecutan은 아마도 자신이 전세계 유일무이한 '시딕 자리 박물관(Museum Lukisan Sidik Jari)'을 열게 될 것이라고 생각도 못했을 것이다. '시딕(Sidik)'은 '점'이라는 뜻이며, '자리(Jari)'는 '손가락(指頭)'을 의미한다. 이 박물관은 바로 손끝으로 그린 지두화(指頭畵) 박물관이다.

Ngr. Gede Pemecutan의 조부는 네덜란드가 침공하자 일종의 자살의식인 '푸푸탄 의식'을 감행하였고, 그 결과 2명의 아이들만이 살아남았다. 그중 한 명이 바둥 왕국의 국왕이며, Ngr. Gede Pemecutan의 숙부이기도 하다. 나머지 한 명은 그의 친아버지이다.

Ngr. Gede Pemecutan은 어려서부터 Grenceng Palace 궁전에서 인형극 대가 Anak Agung

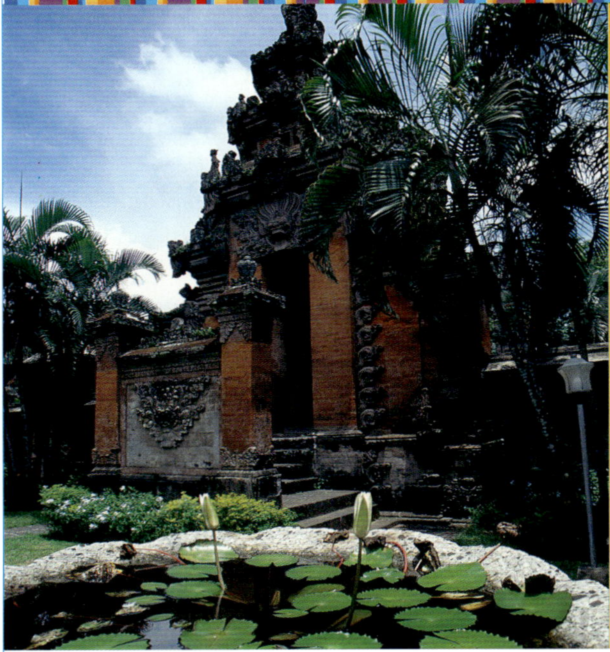

〈발리 전사〉 Baris, 1960, 작가 : Ngr. Gede Pemecutan(1936~ )

〈레공 춤〉 Tari Legong, 1969, 작가 : Ngr. Gede Pemecutan(1936~ )



Putra Gede로부터 그림을 배워 기초를 튼튼히 쌓았다. 1954년에 우부드 Pitamamha 미술 협회의 영향으로 그림 창작 활동을 시작하였고, 그런 다음 Wayan Kaye와 Dr. Moerdoyo 등의 유명 화가 아래에서 자기의 스타일을 찾아내어 인상파 화가가 되었다.

1967년에 그는 그림을 그리던 붓이 부러지면서 우연히 자신의 손가락을 붓 삼아 그리다가 의도하지 않게 손가락으로 그림을 그리는 지두화 기법을 발견하게 되었다. 손가락으로 그린 그림은 이전과는 다른 새로운 스타일이었고, 독특한 풍격을 드러내었다. 당시 이 의도하지 않게 생겨난 작품의 제목은 '발리 전사(Tari Baris)'이며, 현재 박물관 내에 보관되어 있다.

집게손가락을 이용하여 그린 그림은 일반 그림 작품과 상당히 다른 느낌을 갖고 있는데, 볼수록 맛이 살아나는 자연스러운 아름다움이 있다.

현재 박물관에서는 그의 첫 작품부터 최근 작품까지 모든 흐름을 전부 볼 수가 있으며, 이러한 작품들을 감상할 때에는 일정한 거리를 갖고 보는 것이 좋다. 또 직관적으로 그림의 색상 변화와 손가락 터치 등을 감상하면 된다.

## 발리 박물관
**Museum Bali**

🔺 P.116B3

🏠 Surapati Jl. Surapati 도로에 위치하며 푸푸탄 광장에 이웃하고 있다.

🕐 일, 화, 수, 목요일 8:00~15:45, 금요일 8:00~14:45, 토요일 8:00~15:00까지, 월요일과 국정 공휴일에는 휴관.

💲 성인 750Rp., 어린이 250Rp.

이 박물관은 주로 발리 공예품을 수출 및 거래하였던 정부기관 건물이었는데 지진으로 전체 건물이 붕괴되면서 문을 닫았다. 그러다가 30년대 초반에 아티스트 Walter Spies가 이곳을 다시 재건축하였다.

왕궁의 아름다움을 참고하여 지은 이 건물은 각 건물과 정자 등이 모두 서로 다른 궁전을 모방하여 만든 것이며, 서로 다른 스타일이지만 잘 어울린다. 화려한 소장품 역시 부분별로 나뉘어 각자의 위치에 전시되어 있다. 입구 가까운 곳에 위치한 주 건물에는 역사 이전의 문물 및 발리 섬의 전통 공예품, 천만 년 전의 청동기 도구, 발리의 바구니 등을 전시하였다. Tabanan 궁전을 모방하여 만든 북쪽 건물에는 각종 무용가면 및 장신구 등을 진열하였으며, Karangasem 궁전을 모방한 중간 건물에는 종교 제사와 관련 있는 기물을 전시하였다. Buleleng 궁전을 모방한 남쪽 건물에는 발리 섬의 유명한 직물 제품 등이 놓여 있다. 비록 서면 자료는 부족하지만, 부가 설명은 빠진 것 없이 잘 설명되어 있다. 앞뜰에 위치한 고루(鼓樓)는 위로 올라갈 수 있도록 개방되어 있다. 전망은 훌륭하지만, 올라가는 계단에 손잡이가 없기 때문에 조심해야 한다.

# 타나 롯 바다사원
**Tanah Lot**

 P.11C3

 타나 롯 바다사원은 서남부에 위치하고 있으며, 덴파사르 Ubung 역에서 Tanah Lot 으로 출발하는 차가 있다. 차로 약 25분 정도가 소요된다.

 어른 3,100Rp,
 어린이 1,600Rp.

타나 롯 바다사원을 얘기하자면 사람들은 자연스레 고승 Nirartha를 떠올린다. 그가 이곳을 지나가면서 이곳이 기가 모이는 곳이라는 것을 발견하고 현지 주민들에게 이곳에 사원을 짓도록 건의했던 것이다.

민간 전설에 따르면 바다사원 아래에 있는 침식 동굴에 흑백이 분명한 우산 모양의 바다뱀이 몇 마리 나타났다고 한다. 현지인들은 이를 사원과 백성들을 보호하는 바다 신의 화신이라고 여겼고 이때부터 바다사원은 매일 참배객이 끊이지 않게 되었다.

비록 바다사원의 의미가 범상치 않지만, 일반 관광객들은 이곳에 와서 사원보다는 황혼 석양의 아름다운 풍경을 우선적으로 감상하게 된다.

날씨가 맑은 날에는 아름다운 석양을 감상하고자 하는 수많은 관광객들로 바다사원은 붐빈다. 장삿속이 밝은 상인들은 석양 감상에 가장 좋은 장소에 일찌감치 자리 잡고 야외 매점 등을 펼쳐 놓고, 관광객들은 이곳에서 음료 등을 마시면서 해가 지기를 기다린다. 관광객이 상당히 많기 때문에 좋은 자리에서 석양을 감상하려면 일찍 서둘러 와서 자리를 미리 잡아두는 것이 좋다.

바다사원은 발리에서 석양을 감상하는데 최고의 장소이다. 눈앞에는 인도양이 끝없이 펼쳐져 있고, 뒤에는 바다사원이 홀로 서 있다. 매일 저녁놀 사이로 빛나는 태양이 파도 위를 비추면 반짝이는 모습이 정말 장관이다.

# 쇼핑

## 사트리야 아트 하우스
**Satrya Art House**

- P.116B1
- Geria Satriya Jalan Veteran 69
- (62-361)226824
- 9:00~17:00(사전 예약 필수)

이곳은 저명한 조각가 Ida Bgus Alit의 작업실이다. 사트리야 왕궁의 맞은편에 있기 때문에 찾기가 쉽다. Walter Spies의 회화 스타일에 영향을 받은 Ida Bgus Alit는 이곳의 뜰에 적지 않은 나무 조각 작품을 설치하여 두었다. 이곳에서 직접 작품을 구입할 수 있으며, 각 작품이 모두 상당한 예술적 가치를 지니고 있기 때문에 가격은 60달러부터 시작된다. 예산에 제한이 있다면 가장 인기가 높은 나무 조각 병마개 등을 구입하여 친구들에게 선물해도 좋다. 매주 일요일 아침에는 어린이들이 춤과 그림을 배울 수 있도록 이곳을 개방하고 있다.

# 식당

## 부부르 아얌 레스토랑
**Bubur Ayam King**

- P.116A3
- Jl. Teuku Umar No.121 Denpasar
- (62-361)221454
- (62-361)221492
- 8:00~22:00
- 일인당 7,000~12,000Rp., 냉음료 약 7,500Rp.

부부르 아얌(Bubur Ayam)은 '닭고기 죽'이라는 뜻이다. 이곳은 회화 예술 레스토랑으로 예술 문학계의 화교 화가 Mr. D. Tjangdra Kirana가 설립한 것이다. 그의 작품은 현재 우부드의 뱀부 갤러리(Bamboo Gallery)에 소장되어 있다. 레스토랑에는 예술, 문학적 기운이 가득 차 있기 때문에 예술계, 문학계 인사들이 이곳을 자주 찾는다. 관광객들은 이곳의 고상한 분위기에서 식사를 즐기며 자연스레 예술적 분위기에 젖어들게 된다.

# SPA



## 너바나 스파 (메르디앙 리조트)
**Nirwana Spa at Le Meridien**

P.11C3

Le Meridien Nirwana Golf & Spa Resort, P.O. Box 158 Tanah Lot, Kediri

(62-361)815900

(62-361)815901

9:00~22:00

www.starwoodhotels.com/lemeridien/

바다사원 근처의 해변에 위치한 메르디앙 리조트의 석양 풍경은 섬 전체에서 으뜸으로 손꼽힌다. 정원 안의 야자 숲과 전통 발리식 건축물 등은 로맨틱한 열대 분위기를 물씬 풍기며, 5개의 반 개방식 스파 정자는 해변에서 스파를 즐길 수 있도록 특별히 제작되었다.

이곳에서 가장 특별한 것은 유럽에서 건너온 해양 관리 요법이다. 이 요법은 바닷물, 해조류를 이용하여 인체 피부 깊숙이 침투할 수 있도록 하고, 체내의 독소가 빠져나올 수 있도록 도우며 미네랄이 풍부하여 피부 재생에 큰 효과가 있다.

이 외에도 너바나 스파에는 전통적인 치료 요법(Ritual Treatments) 시리즈도 있다. 옛날 발리 주민들이 감기 또는 몸을 치료하는 전통 방식을 활용한 것인데, 예를 들어 미백 효과가 뛰어난 'Nyuh Grading Seed'는 원래 종교 의식 중의 하나였다. 푸른 야자와 울금 열매 가루를 이용하여 각질을 제거하고, 그런 다음 피부 관리와 마사지를 하는 프로그램이다. 팩은 무 가루, 해조류, 라임 즙 등을 섞어 만든 것으로 비타민과 미네랄이 풍부하다. 팩이 끝나면 45분간의 발리 스타일 마사지가 진행된다.

Rempah-Rempah는 전통적인 치료요법 중의 세트 프로그램이다. 먼저 발리 스타일의 전신 마사지를 끝낸 다음, 허브 등을 이용하여 각질을 제거하고, 재스민 물에 온몸을 씻는다. 그런 다음 20여 종류의 허브와 약초가 우려진 목욕물 속에 몸을 담그고, 다시 Boreh 약초를 온 몸에 바른다. 이렇게 하면 독소 배출과 몸의 악취를 제거하는데 특히 효과가 있다.

## 추천 SPA

| 관리 명칭 | 가격(인도네시아 Rp.) | 관리 시간(분) |
| --- | --- | --- |
| 발리 스타일 마사지(Balinese Massage) | 240,000 | 45 |
| 스트레스 감소 마사지(Tension Relief) | 200,000 | 30 |
| 거품목욕(Bubble Bath) | 200,000 | 25 |
| 물줄기 마사지(Rainshower Massage) | 240,000 | 30 |
| 공기 압축 마사지(Pressotherapy) | 176,000 | 30 |
| 해조류 세트 프로그램(Aromatic Sea Weed) | 400,000 | 120 |
| 향료 요법(Rempah-Rempah Ritual) | 700,000 | 150 |

# H 숙박

## 골프 빌라 너바나
## Golf Villa Nirvana

P.11C3
타나 롯 바다사원 근처에 위치. 쿠타에서 차로 약 1시간 거리.
440~550달러
www.balivillas.com

이 빌라는 개인의 빌라가 아니라 메르디앙 너바나 리조트 호텔 & 스파 (Le Meridien Nirvana Resort & Spa) 소유의 빌라이다. 이곳은 바다와 인접한 곳에 위치하고 있으며, 2층 건물 2동으로 구성되어 있다. 앞동에는 응접실, 주방, 차고 등의 시설이 있고, 나무 바닥, 투각 작품 및 카펫 등으로 인테리어 되어 있어 아늑한 분위기를 연출한다.

뒷동은 바다와 인접해 있으며, 은밀한 침실과 훌륭한 전망을 갖고 있다. 앞동에서 뒷동으로 가려면 반드시 아름다운 수선 연못을 지나가야 한다. 다시 위로 올라 2층 발코니로 가면 눈이 확 밝아진다. 이곳 전망대에서는 멀리 파도가 일렁이는 바다를 감상할 수 있으며, 골프장, 바다, 파란 하늘, 녹지 등을 가까이에서 모두 볼 수 있으니 이러한 아름다운 경치가 또 있을까? 인근에는 석양이 아름다운 것으로 유명한 바다사원이 있어서 석양을 감상하면서 촛불 만찬을 즐기면 좋다. 밤에 파도소리를 들으면서 잠이 들면 말로 형용할 수 없는 행복을 느낄 수 있다.

예술여행

# 중부예술여행

## Central Art Tour

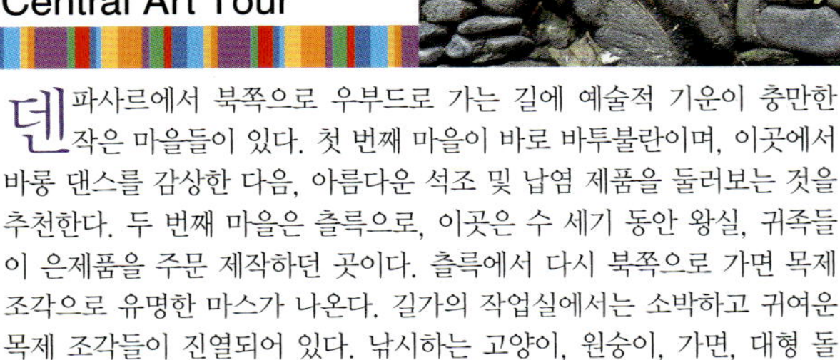

데파사르에서 북쪽으로 우부드로 가는 길에 예술적 기운이 충만한 작은 마을들이 있다. 첫 번째 마을이 바로 바투불란이며, 이곳에서 바롱 댄스를 감상한 다음, 아름다운 석조 및 납염 제품을 둘러보는 것을 추천한다. 두 번째 마을은 츨룩으로, 이곳은 수 세기 동안 왕실, 귀족들이 은제품을 주문 제작하던 곳이다. 츨룩에서 다시 북쪽으로 가면 목제 조각으로 유명한 마스가 나온다. 길가의 작업실에서는 소박하고 귀여운 목제 조각들이 진열되어 있다. 낚시하는 고양이, 원숭이, 가면, 대형 돌 고래, 기린 등 다양하며, 가격은 나무 재질에 따라 차이가 크다. 기아냐르는 작은 마을인데, 이곳에 머물러서 발리 섬의 전통 Endek 방직의 아름다움을 감상해도 좋다.

## 명소

### 바투불란
**Batubulan**

P.11C3

덴파사르의 Batubulan 역에서 바투불란으로 향하는 차가 있다. 차로 20분 정도면 도착한다.

'바투(Batu)'는 현지어로 '돌'이라는 뜻이고, '불란(Bulan)'은 '달'을 의미하다. 즉, 바투불란은 아주 시적인 이름인 '달과 돌'이라는 뜻을 가지고 있다. 옛날부터 이곳은 석조(돌 조각)로 유명했는데, 발리 섬의 사원, 왕실, 개인 저택 등에서 볼 수 있는 살아있는 것 같이 생동감 있는 신상 등의 조각은 거의 모두 이곳 바투불란에서 제작된 것이다. 바투불란에 오면 반드시 석조 공장에 들러 조각가들이 숙련된 솜씨로 조각하는 모습을 참관하도록 하자.

### 석조 및 염색(납염)

바투불란의 석재(石材)는 모두 화산 바위에서 채취된다. 화산암이 가볍고 부드럽기 때문에 조각하기에 적합하다고 한다. 일반적으로 바투불란의 석조 작품들은 대부분 힌두교 및 불교의 신상과 전설 등을 표현하고 있으며, 석가모니, 시바, 봉황, 검은 얼굴의 이가 드러난 악귀 등이 포함된다. 각 작품은 대부분 1미터 이상의 크기로, 위엄 있고 엄숙한 조각이 대부분이다. 무게가 무겁기 때문에 운반이 힘들어 관광객들이 관심을 가지기 어려운 제품이기도 하다.

최근 많은 관광객을 포함한 국외 주문이 늘어나면서 현지 조각가들은 작은 조각 작품도 만들기 시작하였고, 그 주제도 동물과 같이 사

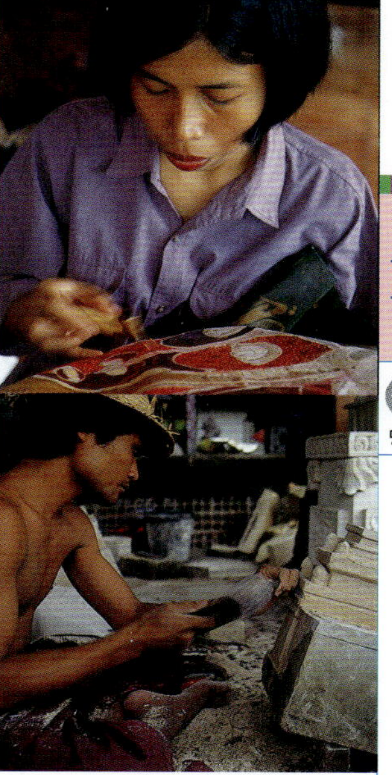

람들에게 친숙한 것들이 많아졌다. 석조 작품들은 처음에는 하얗고 소박하지만, 완성된 다음에는 실외에서 비바람을 맞기 때문에 이끼 등이 온 작품을 덮어 마치 오래된 유적처럼 보이기도 한다.

일반적으로 바투불란의 석조 작품의 가격은 합리적인 편이며, 작은 조각품은 2~3만 Rp. 정도 된다. 비록 가격에 문제가 없다 할지라도 이 작품을 들고 집으로 돌아가기에는 어려움이 있기 때문에 구입 전에 반드시 다음 일정 등을 곰곰이 생각해본 다음 신중하게 결정하도록 하자.

석조 작품 외에도 바투불란의 납염 역시 상당히 유명하다. 석조와 함께 현지의 중요 공예품 리스트에 포함된다. 발리 섬의 납염은 세계적으로도 유명한데, 소박한 문양은 볼수록 그 멋이 있으며, 전통적인 베와 비교하면 납염 제품의 가격이 확실히 더 싸다. 1~2만 원 정도면 상당히 훌륭한 납염 천을 구입할 수 있다.

## 바롱 댄스

우부드에서는 매일 저녁마다 서로 다른 전통 가무 공연이 진행된다. 하지만 대낮의 공연을 감상하고자 한다면 꼭 바투불란에 가야 한다.

이곳에서 상연되는 공연 중에서 가장 인기 있는 프로그램은 바롱 댄스이다. 매일 아침 9시 30분에 공연이 시작되며, 자세히 관찰하면 낮과 밤에 공연되는 바롱 댄스에 약간의 차이가 있는 것을 발견하게 될 것이다. 저녁에는 소리, 빛 등의 효과가 돋보이는 반면, 낮에는 표정, 몸동작 등을 더 잘 볼 수 있다. 만약 시간이 된다면 아침, 저녁의 서로 다른 분위기의 바롱 댄스 공연을 감상하는 것도 재미가 있다.

바롱 댄스는 끝도 없는 선과 악의 싸움을 주제로 하고 있다. 이 춤에서 두 주인공의 이름은 바롱(Barong)과 랑다(Rangda)이며, 각각 선과 악의 세력을 대표한다. 전자는 중국의 사자춤과 비슷하며 두 사람이 조종한다. 후자는 눈이 튀어나오고 이빨이 날카로운 마녀인데, 둘은 막상 막하로 싸우면서 전체 극을 이끌어간다. 클라이맥스는 바롱 역을 맡은 사람이 랑다의 주문에 걸려 날카로운 칼로 자해하는 장면이다. 위에서 춤추는 사람이 칼로 자신을 찌르면 무대 뒤에 있던 제사장이 성수를 뿌리며 장면을 장악하고, 바롱은 그를 따라 다시 무대에 올라 주술을 풀게 된다.

무대는 댄서들의 피곤한 표정과 함께 막을 내리게 되는데, 바롱과 랑다는 선과 악의 싸움이기 때문에 계속 대치되는 상태로 남겨지며, 누가 승리하는 등의 결론이 없다. 이는 인간 세상에 선과 악이 함께 존재하는 진면목을 그대로 반영한 것으로, 바롱 댄스는 사람들에게 깊이 생각할 수 있는 여지를 제공하고 있다.

# 츨록
**Celuk**



덴파사르의 Batubulan 역에 츨록으로 향하는 차가 있다. 차로 25분 정도면 도착한다.

옛날 츨록 사람들은 원래 쇠를 두드려 생계를 유지하였었으나, 후에 점차 금은 세공으로 전업하여 전문적으로 이 사업에 종사하게 되었다. 지금의 츨록에는 수백 수천 명의 금은 세공업자가 존재한다. 마을 사람들은 대부분 금은 세공과 밀접한 관계를 맺고 있으며, 츨록에 유일하게 있는 2km 길이의 대로 양쪽에는 대형 귀금속점이 늘어서 있다. 각 상점에서는 세공 전문가들의 현장 작업 모습을 볼 수 있으며, 금은 제품이 매우 정교한 작업을 거쳐 완성된다는 것을 확인할 수 있다. 모형부터 광택, 조각, 붙임 등의 각 공정은 모두 조심스럽게 진행되며 한 치의 실수도 용납하지 않는다. 각 금은 제품의 제작은 마치 완벽한 공연과도 같다.

츨록의 금은 원료는 대부분 자바, 칼리만탄(Kalimantan), 술라웨시 섬(Sulawesi), 수마트라 섬(Sumatra) 등지에서 들여온다. 비

록 츨록이 금은의 마을이기는 하지만 이곳에서 판매하는 금은 제품은 쿠타나 우부드에 비해 결코 싸지 않다. 흥정이 가능하긴 해도 기껏해야 20~30% 정도의 할인 뿐이다. 정말 저렴하고도 품질이 뛰어난 제품을 사고 싶다면 츨록에 있는 작은 골목 안에 가정식 소공장이 몇 개 있으니 그곳을 찾아보도록 하자. 스타일은 그다지 다양하지 않고, 대부분이 반제품이기는 하지만, 좋아하는 스타일을 고른 다음 값을 흥정하는 노하우를 잘 발휘하면 의외로 아주 싸게 구입도 가능하다.

# 기아냐르
**Gianyar**

🔺 P.11C3

🌐 덴파사르의 Batubulan 역에서 기아냐르로 향하는 차가 있다. 차로 40분 정도면 도착한다.

기아냐르는 Endek 천을 주로 제작하는 공예 도시이다. 발리 섬의 전통 편직물은 여러 종류가 있는데, 기아냐르는 단면 이카트(Ikat) Endek으로 이름이 높다. 위선(緯線)으로 천을 짜기 때문에 상당히 복잡한 제작 과정을 거치고 있다. 염색부터 완성까지 대략 2주 정도가 소요되며, 모두 수작업으로 이루어진다. 가격은 물론 비싼 편이며 주로 전통 의상의 허리띠로 만들어진다.

기아냐르에는 소규모의 공장이 참관을 개방하고 있으므로 관광객들은 Endek의 제작과정을 살펴볼 수 있다. 첫 번째는 방적 과정으로, 잘 짜놓은 면사를 도안에 따라 플라스틱 끈 위로 짜 넣는 것이다. 이는 첫 번째 염색을 하면서 염색이 번

지는 것을 방지하기 위함이다. 염색이 끝난 후에는 일부 플라스틱 끈을 풀어서 다시 염색하여 색이 섞이는 효과를 얻도록 한다. 이러한 과정을 여러 번 반복하여 염색이 완료된 방적사가 추에 말리게 되면 방직을 시작할 수 있다. 이카트의 제작에서 가장 어려운 점은 방적사를 염색할 때 반드시 전체 천의 도안을 먼저 머릿속에 잘 구상한 다음에 천을 짜야한다는 점이다. 도안이 완성되고 난 다음에는 중간에 잘못된 도안을 고칠 방법이 없다.

Endek의 특징은 무늬가 추상적이며, 색깔이 화려하다는 점이다. 완성된 Endek 가격은 다른 천에 비해 훨씬 비싸다. 평균 30cm의 천이 약 30,000Rp.~100,000Rp. 정도로, 대부분 달러로 표시되어 있으며 흥정할 여지가 별로 없다. 제작 과정이 복잡하고 많은 시간을 요하기 때문이다. 현지 공장에서는 고객들의 주문 제작도 접수하고 있다. 물론 돈을 아끼지 않는다면 그 품질과 스타일에 만족할 것이다.

## 향긋한 새끼돼지 요리

복잡한 Endek 제작 과정을 참관하고 나서 곧바로 이곳을 떠나지 말고 현지 전통 재래시장을 둘러보도록 하자. 시장은 다른 곳에서 맡을 수 없는 고기 굽는 냄새가 가득하다. 냄새를 따라가 보면 새끼돼지구이 식당들이 나온다. 바삭한 황금색의 껍질에 부드러운 속살은 정말 환상적이다. 몇 점의 돼지고기와 반찬, 그리고 밥 한 그릇에 8,000Rp.면 충분하다. 저렴하고 맛있기 때문에 매일 엄청난 수의 사람들이 줄을 서서 기다려 이 요리를 먹곤 한다. 기아냐르에 왔다면 정오에 시장이 철수하기 전에 이곳에 와서 맛있는 새끼돼지 요리를 꼭 맛보도록 하자.

## 마스
**Mas**

P.11C3

덴파사르의 Batubulan 역에서 마스로 향하는 차가 있다. 차로 35분 정도면 도착한다.

우부드와 멀지 않은 곳에 위치한 마스는 발리 섬의 목공예 마을이다. 작은 마을에는 예술적 분위기가 충만하며, 대로이든 골목이든, 새벽이든 밤이든 간에 언제나 나무 깎는 소리를 들을 수 있다.

1930년대 이전까지 마스의 목공예는 사원 장식, 무용가면, 악기 등을 제작하는데 머물러 있었으나, 후에 신화 중의 인물이나 동물 등의 주제로 천천히 발전하였다. 지금은 관광업의 발전과 함께 마스의 목공예도 관광객과 외국 상인들의 관심을 받고 있으며, 목공예는 이 마을의 주요 수입원이 되었다.

마스에는 수많은 목공예점과 갤러리가 흩어져 있는데, 호객을 위해 각 상점은 작업실을 관광객들에게 개방하고 있다. 관광객들은 조각가들이 작업하는 모습을 구경하며 어떻게 만드는지 이해할 수 있다. 이곳의 목공 재료는 대부분 현지에서 조달되며, 비교적 고가의 단향목, 흑단목 등은 쿠팡(Kupang) 섬에서 가져온다고 한다. 크기는 손바닥만큼 작은 작품부터 2미터에 이르는 대형 작품까지, 가격은 수백부터 수천 달러까지 다양하다. 하지만 크기가 크다고 해서 무조건 비싼 것은 아니다. 사실 나무 재료에 따라 결정되는 것이 대부분이며, 향이 진한 흑단목을 이용한 작품이 가장 비싸다. 일반적으로 숙련된 조각가들이 만든 작은 작품은 가격이 일천 달러 이상인 경우도 많다.

## 자무자무 스파
## (바꾸스 자띠 리조트)
**Jamu-Jamu Spa at Bagus Jati Resort**

P.11C2
Br. Jati. Desa Sebatu,
Kecamatan Tegallalang,
P.O.Box 4-Ubud, Gianyar
(62-361)978885
(62-361)974666
www.bagusjati.com
spa@bagusjati.com

이곳은 바꾸스 자띠 빌라(Bagus Jati Villa)에 딸려있는 스파로, 2002년 8월에 오픈하였다. 위치는 다소 멀지만, 차로 우부드에서 출발하여 구불구불한 산길을 통과하다보면 입이 딱 벌어지는 바꾸스 자띠 리조트를 발견할 수 있다. 자바 스타일의 건물은 아름답고도 세상과 격리되어 있다.

이곳에서 사용하는 재료는 모두 천연 식물 재료를 갈아 만든 것으로 화학 약품 성분에 대해 걱정할 필요가 없다. 특히 'Pampering & Salon Treatments'의 얼굴 관리 프로그램은 추천할 만하다. Tropical Facial 관리 프로그램은 고대 방법에 따라 열대 꽃, 식물, 허브, 과일 등을 고객의 피부 상태에 따라 배합하여 피부를 관리해준다. 과일산 관리 프로그램(Fruit Acid Peel and Oxygenation Facials)은 주름 등을 개선하는 놀라운 효과가 있으며, 모두 신선한 유기농 과일에서 추출한 과일산을 사용한다. 화학 성분이 없어 피부를 재생하여 빛이 나게 한다. 벌꿀 바디 케어 역시 훌륭한 프로그램이다. 옛날부터 벌꿀은 상처 치료, 흉터 제거, 피부 재생 등에 탁월한 효과

를 가진 것으로 유명한데, 여기에 부드러운 마사지를 더하면 정말 달콤한 행복을 맛볼 수 있다.

　인도 스타일의 아유르베다(Ayurveda)는 발리 섬에서는 비교적 보기 힘든 프로그램이다. 인체를 소우주로 여기고 3가지 역량(doshas)에 의해 인체가 지배된다는 전제 하에 치료의 목적은 인체의 3가지 역량이 균형과 화합을 이루도록 하기 위함인데, 이는 이미 세계보건기구(WHO)에 의해 효과 있는 치료 방법으로 인정되었다. 바꾸스 자띠에서 사용하는 방법에는 Pizhichil, Shirodhara, Udgarshana, Pinda Sweda, Lepas, Navarakizhi 등이 있다. Pizhichil은 가열한 오일을 온 몸에 부어 마사지를 하는 것으로, 노화방지, 유연성 촉진, 신경계 및 순환계 등을 강화하는 작용을 한다. Shirodhara는 따뜻하게 덥힌 오일을 이마에 계속 붓는 것인데, 이렇게 하면 '제 3의 눈'이 열리고 자체 면역력이 좋아질 뿐더러, 머리, 목, 귀, 코 부분에 효과가 있다고 한다.

## 추천 SPA

| 관리 명칭 | 가격(인도네시아 Rp.) | 관리 시간(분) |
| --- | --- | --- |
| 얼굴 관리(Tropical Facial) | 492,000 | 60 |
| 발리 스타일 마사지(Balinese Massage) | 412,000 | 60 |
| 아유르베다(Ayurveda) | 492,000~812,000 | 60~90 |

# 숙박

## 아융 리버 빌라
## Ayung River Villa

🔺 P.11C3
🏠 덴파사르와 우부드 사이에 위치하며, 공항과는 차로 약 40분 정도 떨어져 있다.
💲 390~488달러
🌐 www.balivillas.com

이 별장은 아융 강을 끼고 있는 숲속에 위치하고 있다. 산에서 나오는 맑고 습윤한 공기가 평지보다 낮은 기온을 유지할 수 있도록 하고, 졸졸 흐르는 물소리는 거센 파도 소리보다 마음을 안정시키는데 도움이 된다.

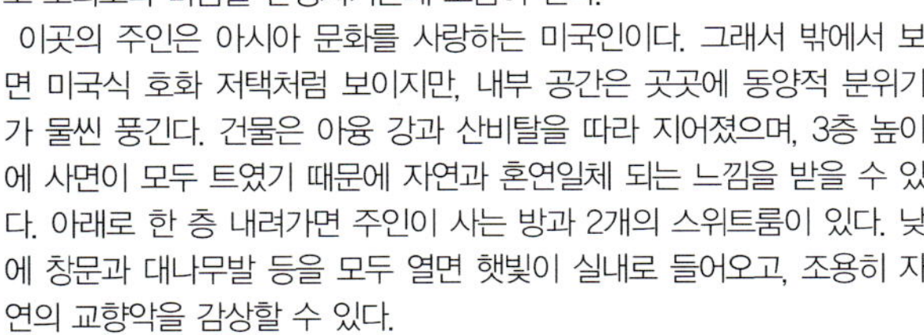

이곳의 주인은 아시아 문화를 사랑하는 미국인이다. 그래서 밖에서 보면 미국식 호화 저택처럼 보이지만, 내부 공간은 곳곳에 동양적 분위기가 물씬 풍긴다. 건물은 아융 강과 산비탈을 따라 지어졌으며, 3층 높이에 사면이 모두 트였기 때문에 자연과 혼연일체 되는 느낌을 받을 수 있다. 아래로 한 층 내려가면 주인이 사는 방과 2개의 스위트룸이 있다. 낮에 창문과 대나무발 등을 모두 열면 햇빛이 실내로 들어오고, 조용히 자연의 교향악을 감상할 수 있다.

다시 아래층으로 내려가면 수영장 근처에 경치 좋은 스위트룸이 또 하나 있다. 빨간 색의 더블침대와 대나무 발은 중동 스타일의 로맨틱한 분위기를 연출한다. 정교하게 돌이 깔린 욕실은 또 하나의 볼거리이다. 수영장 옆에는 발리 스타일의 정자가 있어 이곳에서 편안하게 쉴 수 있다.

동부
Eastern History Tour

# 역사여행

# 동부 역사 여행

## Eastern History Tour

이 여행 코스는 우부드 근처의 고아 가자부터 시작된다. 클룬쿵은 고대 황실 유적이고, 구 법원의 지붕에는 죄를 지은 사람이 18층 지옥에서 고통 받고 있는 벽화가 그려져 있다. 고아 라와 사원의 박쥐 동굴 안에는 수천 수만 마리의 박쥐가 거꾸로 매달려 있는데, 이곳은 현지인들이 성스럽게 생각하는 곳이다. 전통이 잘 유지되고 있는 떵아난 (Tenganan) 마을은 양면 이카트와 종려나무 그림 등이 유명하다. 케헨 사원은 발리 섬에서 가장 규모가 큰 양대 사원 중의 하나이니 절대 빠뜨리지 말자.

## ◉ 명소

### 고아 가자
**Goa Gajah**

⚑ P.11C3

🏠 고아 가자는 중부 Bedulu 마을에 위치하며, 우부드와 그다지 멀지 않다.

🚍 덴파사르의 Batubulan 역에서 고아 가자로 향하는 차가 있다. 차로 40분 정도면 도착한다.

🕐 8:00~17:30

💲 성인 3,100Rp., 어린이 1,600Rp.

1923년에 네덜란드 고고학자가 발견한 고아 가자는 발리 섬에서 가장 오래된 역사 유적지 중의 하나이며, 그 역사는 11세기로까지 거슬러 올라간다. 발리에는 코끼리가 없기 때문에 '코끼리 동굴'이라는 뜻의 이곳 이름의 유래를 두고 의견이 분분하다. 어떤 사람들은 이전에 '코끼리 강'이라고 불렸던 'Sungai Petanu'에서 이름이 유래되었다고 하고, 또 어떤 사람들은 입구를 지키는 악귀 조각이 코끼리 머리를 닮아서 유래되었다고도 한다.

고아 가자(코끼리 동굴)의 유래가 어찌되었든 간에 학자들은 이곳이 불교 고승들이 수행하던 장소였다고 여기고 있다. 유적지 내에는 불교 유적이 있지만, 아직까지 복원되지 않아 희미한 흔적만이 있을 뿐이다.

현재까지 출토된 고아 가자의 유적은 대략 3가지로 구분된다. 고아 가자(코끼리 동굴)를 포함한 성스러운 샘물, 불교 건물 유적 등이 바로 그것이며, 그중 성스러운 샘물에는 6명의 여자가 손에 물병을 들고 있는 조각상이 세워져 있다. 최근 샘물이 거의 마르면서 물은 더 이상 솟아나지 않지만, 남아있는 이끼들로 예전의 모습을 상상할 수 있다.

가장 볼거리가 많은 곳은 산 벽을 따라 나있는 동굴로, 동굴 입구 밖

# 구나르사 박물관
**Gunarsa Museum**

P.11C3
Jl. Pertigaan Banda No. 1 Takmung,Banjarangkan, Klungkung–Bali
(62–361)22255
(62–361)22257
화~일 9:00~17:00
20,000Rp.

구나르사 박물관은 반대(Banda) 마을의 클룬쿵 지역과 인접한 곳에 위치하고 있다. 발리 섬의 유명 예술가인 Nyoman Gunarsa의 갤러리이며, 2층의 박물관 안에는 그의 오래된 소장품과 작품 등이 전시되어 있다. 개인이 사용하는 도서관 안에는 동서양의 서적, 화가의 사진 등이 있다. 구나르사는 수많은

현대 아티스트들의 사진을 찍었는데, 예를 들어 인도네시아의 John Hardi와 기아냐르에서 활동하는 젊은 아티스트 Ida Bagus Krian 등이 있다.

에는 입을 벌리고 있는 조각이 새겨져 있다. 벌어진 입으로 들어가면 동굴 안은 온통 암흑천지이다. 희미하게 보이는 등불과 촛불에 의지하여 동굴을 들여다보면 그다지 크지 않고 T자형으로 되어 있다는 것을 알 수 있다. 왼쪽에서는 코끼리 신 가네샤(Ganesh)를 모시고, 오른쪽에는 힌두교의 삼위일체 신을 모신다. 매일 적잖은 참배객들이 이곳을 찾아 절하며 공양하여 종일 향불이 꺼지지 않는다.

# 클룬쿵
**Klungkung**

 P.11C3

 덴파사르의 Batubulan 역에서 클룬쿵으로 향하는 차가 있다.

 구(舊) 법원 입장료 일인당 2,000Rp.

 발리 섬 동부의 교통 요충지에 위치한 클룬쿵은 14세기 말부터 그 역사를 논할 수 있다. 당시 마자파히트 왕조가 정권을 잡고 있었는데, 이에 불만을 가진 일부 집정자들이 클룬쿵 남부에 겔겔(Gelgel) 왕조를 세웠다. 17세기에는 정치적 중심이 클룬쿵으로 옮겨져 오면서 이곳에 법원이 설립되었다. 1908년, 네덜란드 군대가 주둔하자 겔겔 왕조와 백성들은 힘껏 대항하였으나, 군함에서 쏟아지는 총과 대포를 견디지 못하고 쓸쓸히 역사의 뒷장으로 사라지게 되었다.

 클룬쿵에 남아 있는 겔겔 왕조의 유적지는 구 법원 Kertha Gosa, Bale Kambang 궁전 등이 있으며, 상당히 잘 보존되어 있다. Kertha Gosa 법원은 당시 최고 법원의 권력의 상징이었으며, 전통적인 클룬쿵 양식의 건축 및 회화 스타일을 보여주고 있다. 개방식 법정의 중앙에는 3대 3으로 각각 마주보고 있는 6개의 의자가 놓여 있으며, 당시 네덜란드인과 현지 법관들이 이곳에 앉아 죄인을 심문하였다고 한다. Kertha Gosa 법원에서 가장 눈에 띄는 것은 피라미드형의 지붕이다. 천장에는 전통 벽화가 가득 그려져 있으며, 4개의 층으로 구분되는 벽화에는 상당히 심오한 의미가 들어 있다. 제일 낮은 층은 지옥을 대표하며, 2층은 인간 세상, 3층은 신선세계, 4층은 지고지상(至高至上)의 하나님을 의미한다고 한다.

 자세히 들여다보면, 그림이 매우 세밀하면서도 상당히 재미있게 묘사되어 있음을 발견할 수 있다. 예

를 들어 제일 아래층이 대표하는 지옥의 연속 그림 벽화는 힌두교의 '목련구모(目蓮救母)' 이야기와 유사하다. 비마(Bima)라는 사람의 부모가 사후에 18층 지옥으로 떨어지게 되자, 효심이 깊은 비마는 부모를 구하기 위해 스스로 지옥으로 들어간다. 비마는 지옥의 참담함과 각종 형벌을 직접 눈으로 확인하게 되었고, 인간 세상으로 돌아온 이후 그의 '지옥 견문록'은 크게 유행하였는데, 후세 사람들이 죄를 짓지 않고, 혹독한 형벌을 받지 않도록 생생한 그림으로 그려 경고한 것이 바로 이 벽화이다.

구 법원의 옆에 위치한 Bale Kambang 궁전은 사면이 해자(垓字)로 둘러싸여 있기 때문에 마치 수상 궁전처럼 보인다. 주변에는 각종 특이한 조각상이 세워져 있으며, 궁전 내부에는 개방식 건물이 있다. 건물의 천장에는 각종 도안이 그려져 있으며, 가장 낮은 층에는 현지의 전통 별자리 달력 그림이 그려져 있다. 2층에는 전통 이야기가 묘사되어 있고, 가장 높은 층에는 영웅 Sutasona의 모험 이야기가 그려져 있다.

# 퉁아난

**Tenganan**

🧭 P.11D3

🚗 덴파사르의 Batubulan 역에서 Tenganan으로 향하는 차가 있다.

💲 마을 입장료 1인당 5,000Rp.

퉁아난은 발리의 몇 안 되는 원주민 마을 중의 하나이지만, 이 원주민이 마을의 토박이 부족이라는 뜻은 아니다. 15세기에 회교 세력이 자바를 침공하면서 마자파히트 왕조가 와해되어 뿔뿔이 흩어져 발리 섬에 들어오게 된 것이다. 하지만 퉁아난은 이러한 역사 때문이 아닌, 옛날의 모습을 그대로 유지하는 생활 형태로 유명하다.

퉁아난은 벽돌 담으로 온 마을이 둘러싸여 있어 크다고 말하기 어렵고, 또한 담 안에 102개 가구의 집이 들어서 있으니 역시 작다고도 할 수 없다. 집들은 두 줄로 비탈을 따라 늘어서 있으며, 주민들의 대부분은 전통 공예품 제작에 종사하고 있다. 이곳에 대해 잘 이해하지 못한 여행자들은 이 마을을 수공예품 마을로 착각하여 '문화 마을'이라는 아름다운 이름을 지어 주기도 했지만 이 마을이 외래문화를 철저히 거부하는 곳이라는 점은 잘 모르는 경우가 많다. 표면적으로는 대문을 열어놓고 손님들과 그에 따른 수입을 환영하고 있는 것처럼 보이지만, 뼛속 깊은 곳에서부터 외부인들이 한 발짝조차 들어오지 못하도록 막고 있는 것이다. 예전에 어떤 가이드가 저녁 6시 폐장 이후에 이곳에 몰래 들어가려고 하다가 잡혀서 마을의 사원 앞에서 밤새 꿇어앉는 벌을 받기도 하였다. 이러한 행동이 합법적인 것인지 의문이 들 수도 있지만 퉁아난에서는 마을의 규칙이 국법보다 더 위엄이 있다.

퉁아난의 기혼 남자들은 결혼 연수에 따라 6개 등급으로 나뉘어 각각 임무를 수행한다. 어떤 사람들은 생활 규범을 제정하고, 어떤 사람들은 제사 항목을 책임진다. 그 규정들은 아주 조리 있고 명확하며, 순서가 있다.

퉁아난 봉쇄의 옳고 그름은 차치하고, 어쨌든 이로 인해 이곳은 마을 윤리를 공고히 하고 많은 전통 문화

# 고아 라와 사원

**Pura Goa Lawah**

🧭 P.11D3

🚗 덴파사르의 Batubulan 역에서 고아 라와로 향하는 차가 있다.

🕐 8:00~17:00

💲 성인 1,000Rp., 어린이 500Rp.

고아 라와 사원(Goa Lawah)은 깊이 숨어있는 절벽 한 쪽에 자리 잡은 검은 동굴이다. 일단 이곳에 들어가면 동굴 벽에 거꾸로 가득 매달린 수천 수만 마리의 박쥐를 볼 수 있으며, 박쥐 떼와 진한 악취는 감히 발을 앞으로 내디딜 수 없도록 만든다. 하지만 현지인들은 이 박쥐 떼가 마치 보이지 않는 것처럼 행동한다. 그들에게 있어서 이 별 볼일 없는 작은 사원은 다른 곳과는 비교할 수도 없는 지위를 지니고 있다. 비록 동굴 입구의 제단이 박쥐의 배설물로 덮여 있기는 하지만 이곳의 가치를 손상시킬 수 없다고 한다. 매일 수많은 참배객들이 이곳을 찾아 절을 올리고 기도를 하는데, 이들은 박쥐의 시끄러운 소리와 이곳저곳을 날아다니는 박쥐들을 전혀 개의치 않는 것처럼 보인다.

를 유지하는데 성공할 수 있었다. 관광객들이 가장 많은 흥미를 갖는 종려나무 그림과 양면 이카트(Geringsing)는 그 중의 두 가지이다.

종려나무 그림은 먼저 날카로운 칼로 세밀하게 도안을 조각한 다음, 마카다미아넛(Macadamia nut) 오일을 그 위에 발라 색을 입히면 진한 갈색의 도안이 드러나면서 볼수록 새로운 느낌의 종려나무 그림이 완성된다. 특이한 양면 이카트는 천연 식물로 먼저 염색을 한 다음, 날실을 이용하여 복잡한 도안을 완성한다. 2~3년의 시간이 소요되는 것이 다반사이기 때문에 가격도 50만~200만 Rp. 정도이다. 가보로 전해지는 이카트의 경우에는 심지어 수억 Rp.를 웃도는 경우도 있어 혀를 내두르게 한다. 이러한 전통 기술은 퉁아난이 옛 모습을 그대로 고수하고, 후세에 전해줄 수 있는 원동력이기도 하다.

전해지는 바에 따르면 이곳 박쥐 동굴은 베사키 사원(Pura Besakih)과 직접 연결된다고 한다. 하지만 동굴이 어둡고 박쥐들이 가득한데다가, 현지인들은 동굴 안에 전설 중의 거대한 뱀인 Naga Basuki가 살고 있다고 굳게 믿고 있기 때문에 아직까지 아무도 이 말을 직접 증명한 사람이 없다고 한다.

현지인들은 이 사원에 대해 종교적 경외심을 갖고 있다. 죽은 사람을 화장한 다음, 해변으로 가서 뼛가루를 뿌리고 마지막으로 박쥐 동굴에 와서 제사를 지내야 이별의식이 끝난다고 한다.

# 케헨 사원
**Pura Kehen**

P.11C2

케헨 사원은 방리 마을에 위치

덴파사르의 Batubulan 역에서 방리(Bangli)로 향하는 차가 있다. 차로 50분 정도면 도착한다.

1인당 3,100Rp.

케헨 사원은 발리 섬 중앙에서 동쪽으로 치우친 방리에 위치한다. 이곳은 일찍이 발리 왕조의 수도 소재지이기도 하였다. 케헨 사원의 역사는 서기 9세기로 거슬러 올라간다. 돌계단을 따라 올라가면 각 계단에 조각된 각기 다른 표정의 조각상을 천천히 감상할 수 있다. 검은 얼굴에 날카로운 이빨을 가졌거나, 엄숙한 표정을 한 조각상 등 모두 힌두교의 신비한 분위기를 느낄 수 있게 한다.

계단에 올라간 다음에는 정식으로 케헨 사원 안에 들어설 수 있다. 사원에 들어서면 눈앞에는 큰 광장이 펼쳐지는데, 이곳은 가묘(家廟) 지역이다. 한쪽에는 구름을 꿰뚫고 높이 솟은 용수나무가 있는데, 이는 대략 600여 년 수령의 오래된 신목(神木)으로 현지인들의 숭상을 받고 있다. 다시 위로 올라가면 가장 신성한 마을 사당(村廟)이 나오고, 내부에는 11층 높이의 제단(Meru)이 있다. 그리고 외벽에는 중국 자기가 가득 붙어 있는데, 안타깝게도 원시적인 옛 자기들은 이

미 훼손되거나 도난당했다고 한다.
지금 볼 수 있는 자기들은 모두 후
에 붙여 넣은 것이다. 만약 이 왕조
의 역사에 대해 모른다고 해도 무
방하다. 이곳 사원에는 영어에 능
통한 노인이 상당히 적극적으로 이
곳의 역사에 대해 설명해주고 있
다. 약 1달러 정도를 수고비로 드리
면 충분하니 너무 인색하게 굴지
말자.

## Kubu Bali Hotel

P.11D3

Candidasa, Karangasem, Bali

(62-363)41532, 41256

www.kububali.com

## Candi Beach Cottage

P.11D3

Mendira beach Sengkidu,
Candidasa, Karangasem,
Bali

(62-363)41234

1박당 140달러부터,
인터넷 예약 시에는 추가 혜택
제공

www.candibeachbali.com

## Alila Manggis

P.11D3

Desa Buitan, Manggis
Karangasem 80871, Bali

(62-363)41011

1박당 200~220달러. 바다 조망
스위트룸 385달러. 인터넷 예약
시에는 추가 혜택 제공.

www.alilahotels.com/manggis

## Puri Bagus Candidasa

P.11D3

Candidasa 80801,
Karangasem, Bali

(62-363)41131

1박당 120~165달러, 인터넷 예
약 시에는 추가 혜택 제공.

candidasa.puribagus.net

## Sacred Mountain Sanctuary

P.11D3

Banjar Budamanis, Sidemen
80864, Karangasem, Bali

(62-366)24330

객실 유형에 따라 1박당
80~130달러

Northern Nature Tour
북부

# 자연여행

# 북부자연
# 여행

## Northern Nature Tour



시끄럽고 번잡한 곳보다 원래 그대로의 발리 생활을 경험해보고 싶다면 이 여행 코스를 추천한다. 베사키 사원은 발리 섬에서 가장 큰 규모의 사원이다. 티르타 음풀 사원은 온갖 병을 고치기 위해 사람들이 모여드는 곳이다. 발을 딛는 곳마다 그림이 되는 바투르 산에는 날카로운 검은 바위들이 도처에 흩어져 있는데, 바로 화산이 폭발하고 남은 흔적이다. 산 아래에는 트루얀 마을이 있고 북쪽으로 가면 로비나가 나오는데, 이곳에서 하루를 묵고 다음날 돌고래 투어에 참가하는 것을 추천한다.

## 티르타 음풀 사원
**Pura Tirta Empul**

 P.11C2

 북중부의 탐팍시링
(Tampaksiring)에 위치

 덴파사르의 Batubulan 역에
서 탐팍시링으로 향하는 차
가 있다. 차로 약 1시간이면
도착한다.

 일인당 3,100Rp.

티르타 음풀 사원은 거의 모든 관광객들이 꼭 들르는 여행 명소이다. 그 역사는 서기 962년까지 거슬러 올라가 신비로운 설화와 함께 전해진다. 전설에 따르면 신통력이 매우 뛰어난 어떤 도사가 있었는데, 무술을 이용하여 국왕이 되고, 아름다운 여성을 아내로 삼고자 하였다.

도리에 맞지 않은 일을 일삼고, 폭정이 끊이지 않았으나 힘없는 촌민들은 기도밖에 할 수 없었다. 그들은 하늘의 도움을 요청하였고, 하늘은 전쟁의 신 인드라(Indra)를 보내 촌민들을 돕도록 하였다. 도사와 인드라의 결투 끝에 도사는 신통력을 이용하여 샘물에 독을 풀었고, 이 사실을 몰랐던 촌민들은 샘물을 마신 다음 쓰러지게 되었다.

인드라가 이 모습을 보고 긴 장대로 땅바닥을 찔러 지하에서 샘물이 솟아나게 하였다. 이 샘물은 촌민들의 독을 해독하였다.

권선징악의 이치로 인드라는 악한 도사를 무찔렀고, 촌민들은 행복하게 살 수 있었다. 끊임없이 솟아나온 샘물은 지금의 성스러운 샘이 되었고, 후세 사람들은 이곳에 티르타 음풀 사원을 지어 인드라 신을 모시게 되었다.

이곳의 샘물은 영원히 맑은 상태를 유지하며, 치료 효과도 지니고 있다고 한다. 샘물이 솟아나는 구멍에 따라 치료 효과가 서로 다르다고 하며, 각지의 사람들이 이곳에 와서 절을 하고 목욕을 하고 있다.

## 베사키 사원
**Pura Besakih**

P.11D2

덴파사르의 Batubulan 역에서 베사키로 향하는 차가 있다.

8:00~18:00

일인당 3,100Rp. 마을에 들어갈 때 추가로 100Rp.의 입장료를 내야 한다. 주차료는 200Rp.

베사키 사원에서 사롱을 빌리려면 약 5,000Rp. 정도로 입장료보다 비싸다. 긴 치마, 긴 바지, 또는 자기가 준비한 사롱을 꼭 입도록 하자.

베사키 사원은 발리 섬에서 가장 크고, 가장 오래된 사원으로 '모든 사원의 근본'이라고도 불리며, '어머니 사원'이라는 존경도 받고 있다. 역사학자들의 고증에 따르면, 베사키 사원은 적어도 2천 년의 유구한 역사를 지니고 있으며, 일찍이 승려들이 수행, 정신 함양을 하던 곳이었다. 후에 점차적으로 시바 신을 모시는 힌두교의 성지가 되었고, 또한 역대 왕조들이 중요한 제사를 모시던 곳이기도 하다.

지금의 '어머니 사원'은 발리 사람들이 가장 신성시 여기는 사원으로, 매일 수많은 신도들이 이곳을 찾아 참배를 하고 있다. 이곳에서 거행되는 제사 의식도 발리 섬에서 가장 많다. 발리의 힌두 달력(사카력, Saka)에 따르면 1년 210일 중에 55일의 대규모 제사 의식이 있고 작은 규모의 제사는 그 수를 헤아릴 수 없다고 하니 그 풍경은 상상만으로도 가히 짐작할 수 있다.

그 중에서 중요한 제사 의식은 Eka Dasa Rudra인데, 100년마다 한 차례 거행된다. (힌두 달력에 따른 것이며, 양력으로 계산하면 115년마다 한 차례이다.) 이전의 제사는 1963년에 거행될 예정이었으나, 아궁 화산의 폭발로 인해 취소되었다. 2,000여 명이 이로 인해 목숨을 잃었으나, 기이하게도 '어머니 사원'은 화산 분출로 인한 어떠한 손상도 입지 않았다. 제사는 1979년에 다시 거행되었다.

사실 베사키 사원은 약 300개의 사원이 모여서 이루어진 것이다. 크고 작은 건축물들을 모으면 200개가 넘지만, 그중 가장 중요한 건물로는 Pura Penataran Agung, Pura Kiduling Kreteg, Pura Batu Madeg 등의 3개 사원이 있다. 그 중에서도 Pura Penataran Agung

이 특히 중요한데, 이곳에서는 힌두교의 3대 주신인 비슈누, 브라만, 시바 등을 모시고 있다.

베사키 사원은 '어머니 사원'으로서 당연히 적지 않은 규율을 갖고 있는데, 전통적인 규율에 따라 외부인들은 주 사원에 들어갈 수 없고, 주 사원의 주변 담장 밖에서 보거나 사진 찍는 것만 허락된다. 현지인들은 돈을 벌고자 관광객들에게 약간의 돈을 받고 몰래 사원 안으로 들어갈 기회를 만들어주기도 하는데, 사실 이러한 행동은 현지 전통을 거스르는 것이니 전통을 지켜 규율을 위반하지 않도록 하자. 또한 비용과 관련하여 크고 작은 다툼이 발생하기도 하니 휘말리지 않도록 조심해야 한다.

## 바투르 산, 바투르 호수
**Tenganan**

🔺 P.11C1

🌐 덴파사르의 Batubulan 역에서 바투르 산으로 향하는 차가 있다.

바투르 산은 일반인들이 모험을 무릅쓰고 찾는 곳으로 모험이라는 말은 조금도 과장이 아니다. 1924년부터 1994년까지 바투르 산은 20여 차례나 폭발하였고, 그중 1917, 1926, 1963년에는 대폭발이 백리 밖에까지 영향을 주었으며 오늘날의 2층 분화구의 모습도 그 때에 형성되었다. 킨타마니(Kintamani)에서 내려오다 보면 멀리서 연기를 뿜고 있는 바투르 산을 볼 수 있다.

현지에 있는 여관에서 일박을 하고, 다음날 새벽에 가이드를 따라 유황 냄새가 나는 산길 등산을 추천한다. 2시간 남짓 걸으며 바투르 산의 일출을 감상하고 지열로 익힌 바나나와 계란으로 아침 식사를 하자. 맛있지는 않지만 잊을 수 없는 식사가 될 것이다. 비용은 숙박을 포함하여 보통 30달러 정도 드는데 두 배 정도 바가지를 쓰는 것은 뉴스거리도 아니다. 그다지 야무진 성격이 아니라면 엄청난 바가지를 쓸 수도 있다.

이곳에는 노점상과 등산 및 유람선을 타라고 호객하는 현지인들로 가득한데, 그들의 사나운 태도는 바투르로 여행 온 관광객들의 낯빛을 변하게 하기에 충분하다. 일부 관광객들은 마치 강도를 당하는 것과 비슷한 느낌의 여행을 경험했다고 한다. 이곳 주민들이 이전에 경험하지 못했던 욕심이 가져온 현재의 모습은 안타깝기 그지없다.

## 트루얀 마을
**Truyan**

🔺 P.11D2

🌐 바투르 호수 순환도로의 Penelokan을 따라 아래로 내려오면 종점은 물그림자가 환상적인 케디산(Kedisan) 선착장이다. 트루얀 마을로 가려면 이곳에서 배를 타야한다.

💲 한쪽에 세워진 매표소에 가격표가 붙어있다. 배표, 선착장 가이드 비용, 트루얀 마을 가이드 비용, 선착장 추천 기부금, 트루얀 마을 추천 기부금, 선착장 개발비, 선착장 입장료 등의 7개의 비용이 적혀 있다. 일인당 총 비용은 같이 가는 동행의 인원수에 따라 달라진다.

트루얀 마을은 동부 지역의 통아난과 마찬가지로 발리 섬의 원주민 마을에 속한다. 하지만 풍습이 완전히 달라 통아난이 귀중한 전통 기술을 보유하고 있다면 트루얀은 신비로운 전설을 가지고 있다.

트루얀 마을의 촌민들은 사후에 화장을 하지 않고 Kuban 묘지의 용수나무 아래에 묻는다. 관에 넣지도 않고, 흙으로 덮지도 않으며, 단지 대바구니 같은 것으로 가리기만 하여 태양과 바람에 부식되도록 놔둔다. 신기하게도 시신이 부패하는 냄새가 전혀 나지 않는데, 촌민들은 그것이 용수나무와 관련 있다고 굳게 믿고 있다. 신비로운 전설은 트루얀 마을에 사람들이 모여들게 하였지만, 촌민들이 케디산 선착장에 모여들어 손을 내밀고 돈을 요구하는 등 관광객들의 이맛살을 찌푸리게 만든다.

# 브두굴

**Bedugul**

P.11C2

성인 3,300Rp., 어린이 1,800Rp.

브두굴은 지세가 비교적 높고, 이 지역 내에 화산 호수로 이루어진 3개의 자연 저수지가 있기 때문에 산 아래 평원 지역의 관개 수원을 제공하고 있다. 화산 폭발 후에 토양이 비옥해 지면서 브두굴은 발리 섬의 중요한 농사지역이 되었고, 이곳에서 생산된 농산물은 발리 섬 각지에 운송, 판매되고 있다. Candikuning 시장은 신선한 야채와 각종 야생난, 향료 등으로 유명하다.

배 한 척을 빌려 호수를 돌아보거나 울룬 사원에서 내려보자. 이곳은 아직 시끄러운 관광객들에게 점령되지 않았기 때문에 천천히 산책을 하거나 수상 스키, 패러글라이딩 등의 호수 레저를 즐길 수도 있다.

지세가 높아 날씨가 선선한 편이니 가벼운 외투를 준비하는 것이 좋다. 호숫가에는 Ayam Taliwanag 라는 작은 레스토랑이 있는데, 이곳에서 점심 식사를 하면 된다.

# 울룬 사원

**Pura Ulun**

 P.11C2

 울룬 사원은 브라탄 호수 옆에 위치하며, 마치 선녀처럼 아름다운 자태로 호수 옆에 자리 잡고 있다. 울룬 사원은 1633년에 지어졌으며, 물의 신 Dewi Danu를 모시고 있다. 브라탄 호수가 발리 남부 지역의 농업용수를 담당하고 있기 때문에 물의 신에게 제사를 드리고 있는 울룬 사원은 농민들에게 아주 중요한 사원이 되었다. 건물은 불교와 힌두교의 특색이 섞여 있으며, 대문에 들어서면 왼쪽의 불교 불탑이 먼저 눈에 띄고 그 다음에는 힌두교 스타일의 사원이 이어진다. 먼저 물의 신에게 제사를 드리는 주 사원이 있으며, 그 다음에는 11층 높이의 Meru 사원이 있다. 이곳에서는 비슈누(Vishunu)신에게 제사를 드리고 있다. 7층 높이의 사원에서는 브라마(Brahma)에게 제사를 드리고 있으며, 3층 높이의 사원은 시바(Shiba)를 모시는 곳이다. 이 탑 사원들은 배를 타야만 들어갈 수 있다.

# 반자르 온천

**Banjar Hot Spring**

 P.11B1

 부얌 호수에서 좌회전하여 탐브링간 호수를 지난 다음, Asah Goblen 방향을 따라 북쪽으로 간다. Pedawa 마을을 지나 약 20분을 더 가면 반자르 마을에 도착한다. 온천은 마을 한쪽에 위치한다.

 성인 3,000Rp., 어린이 1,500Rp.

 싱가라자(Singaraja) 근처에 위치한 반자르 온천은 1년 내내 38도의 온도를 유지한다. 유황 등의 광물질을 함유하고 있으며, 신기한 치료 효과를 지니고 있어 현지인들에게 성스러운 샘물로 여겨지고 있다.

 공동 목욕탕 안에는 3개의 탕이 있는데, 그중에는 수 미터 높이의 물기둥도 있어 뻐근한 어깨 등을 안마하는데 사용할 수 있다. 현지인들에게 인기가 높을 뿐만 아니라, 유럽, 미주 지역의 배낭족들도 이곳을 즐겨 찾는다. 일부 사람들은 이곳을 발리 섬에서 가장 싼 스

파라고도 농담삼아 얘기한다. 비록 사람이 하는 마사지 서비스는 없지만, 대자연의 은총을 맘껏 즐길 수 있다. 주변 시설이 다소 부족하기는 하지만, 남녀 탈의실은 갖춰져 있다.

# 부얌 및 탐브링간 호수

**Danau Buyan & Tamblingan**

P.11C2

브라탄 호수에서 북쪽으로 차를 몰고 약 15분 정도를 가면 왼쪽에 거울같이 맑은 부얌 호수(Danau Buyam)가 보인다. 산길을 따라 구불구불 올라가다가 교차로에서 좌회전하지 않고 그대로 직진하면 싱가라자(Singaraja)가 나온다. 부얌 호수 표면의 옅은 안개와 울창한 푸른 숲은 발리 섬에서 가장 아름다운 자연 풍경으로 알려져 있다. 탐브링간 호수(Danau Tamblingan)의 아름다운 모습이 서서히 나타나면 그 길을 따라 계속 호수 지역으로 갈 수도 있고, 우회전하여 Munduk 마을로 들어갈 수도 있다. 이곳에서는 커피와 정향 등의 작물이 생산되는데, 운이 좋다면 온 가족이 뜰에서 정향 꽃봉오리를 따는 모습을 볼 수도 있다.

# 로비나

**Lovina**

P.11C1

덴파사르 Ubung 역에서 로비나로 출발하는 차가 있다.

바다의 돌고래를 보는 비용은 일인당 8달러이며, 선장에게 팁으로 일인당 10,000 Rp.를 추가로 지불한다.

만약 쿠타의 소란스런 분위기를 좋아하지 않고 멀리 떨어진 한적한 곳을 원한다면, 또 돌고래도 보고 싶다면 발리 섬 북부에 위치한 로비나 해변은 후회없는 선택이 될 것이다. 주로 유럽, 미주 지역의 관광객들이 쿠타를 버리고 대신 이곳에서 휴가를 보내곤 한다.

## 물속으로 잠수하여 산호를 감상하자

이곳에서는 조용하고 아늑한 개인 시간을 맘껏 보낼 수 있다. 맑은 해역과 물속의 아름다운 산호초 등으로 인해 이곳은 스쿠버 다이빙의 천국이 되었다.

가장 인기 있는 스쿠버 다이빙 또는 스노클링 지점은 서쪽에 있는 국립공원의 일부인 Menjangan 섬이다. 이곳은 한류, 난류의 교차지역이기 때문에 다양한 해저 세계가 연출되고 있으며, 발리 섬에서 가장 아름다운 해역으로 공공연히 인정되고 있다.

로비나에서 투어 여행에 참가할 수 있으며, 배의 왕복 탑승시간은 1시간이다. 투어는 2개의 스노클링 지역을 들르며 여기에는 해변의 점심 식사가 포함된다. 자세한 내용은 Aquturopic Dive, 전화 (62-362)42090에 문의.

## 아침 일찍 일어나 돌고래를 구경하자

스노클링 외에 현지에서 가장 인기 있는 프로그램은 돌고래 투어이지만, 돌고래를 보려면 약간의 고생을 감수해야 한다. 현지의 돌고래들은 새벽 일찍 가장 많이 출몰하기 때문에 여행자들은 새벽 5시 반에 양쪽에 막대기를 끼운 어선을 타고 바다로 나가 돌고래를 구경한다. 한번에 2시간 정도가 소요된다. 돌고래를 볼 수 있는 가능성이 상당히 높기는 하지만, 직접 돌고래가 바다 수면 위를 뛰어오르는 기이한 광경을 볼 수 있다면 정말 운이 좋은 것이다. 또 바다 위에서 일출을 볼 수도 있어 일거양득이다.

### 현대 예술 거장의 집 방문

'칼날'로 그림을 그리는 발리의 유명 화가 존 하디(John Hardi, 1957~ )는 프랑스인 아내와 함께 로비나에 정착하고, 또한 작업실도 설립하였다. 그림에 관심 있는 사람은 이곳에 가서 예술 여행을 즐길 수도 있으며, 심지어는 며칠을 머무르면서 그림을 감상하거나 배울 수도 있다. 숙박비는 일박당 50달러이며, 그림을 배우는 비용은 하루에 60달러이다.

E-mail : soierire@hotmail.com

#  숙박

## Bali Handara Kosaido Country Club

⚠ P.11C2
🏠 Bedugul, Bali
☎ (62-362)22646
💲 호텔형 100~500달러, 방갈로형 75~300달러. 인터넷으로 예약 시에는 추가 혜택 제공.
🌐 www.balihandarakosaido.com

## Mimpi Resort Tulamben

⚠ P.11D2
🏠 Tulamben, Northeast Bali
☎ (62-363)21642
💲 호텔형 80달러부터, 방갈로형 125~150달러. 인터넷으로 예약 시에는 추가 혜택 제공.
🌐 www.mimpi.com/mimpi-tulamben-resort.html

## Hotel Indra Udhyana

⚠ P.11D2
🏠 Amed Beach, Bunutan, P.O. Box 119 Karangasem, Bali
☎ (62-361)241107
💲 150~420달러, 인터넷으로 예약 시에는 추가 혜택 제공.
🌐 www.indo.com/hotels/indra-udhyana

## Damai Lovina Hotel

⚠ P.11C1
🏠 Jalan Damai, Kayuputih, Lovina, Singaraja, Bali
☎ (62-362)41008
💲 일박당 145~160달러
🌐 www.damai.com

## Aneka Bagus

⚠ P.10A1
🏠 Pemuteran – Grokgak Buleleng, North West Bali
☎ (62-362) 94798
💲 스탠더드 2인실 60달러, Villa 2인실 70달러, 인터넷으로 예약 시에는 추가 혜택 제공.
🌐 www.anekahotels.com/aneka-bagus

# 발리 여행 정보
## Information

## 발리 섬 기본 정보

- **지리적 위치 :** 인도네시아 소 순다열도(The Lesser Sunda Islands)에 위치한 발리 섬은 동쪽으로는 롬보크 해협과 롬보크 섬이 마주보고 있고, 서쪽으로는 발리 해협과 자바 섬이 마주보고 있다. 남쪽에는 인도양과 인접해 있으며, 북쪽으로는 발리 해(海)와 접해 있다.

- **수도 :** 덴파사르(Denpasar)

- **면적 :** 발리 섬의 동서 길이는 140km, 남북 길이는 80km이며, 총 면적은 약 5,620㎢이다.

- **인구 :** 약 290만 명

- **종교 :** 인구의 95%가 힌두교를 믿고 있으며, 나머지 5%에는 이슬람교, 기독교, 불교 및 기타 종교가 포함된다.

- **언어 :** 인도네시아어가 정부 당국의 언어이지만, 영어도 통용된다.

- **전압 :** 220V, 50Hz

- **시차 :** 발리 섬은 한국보다 한 시간 느리다.

- **국제전화 :**
한국에서 발리 섬으로 전화할 때 : (국제전화 접속번호) + 62 + 361 + 전화번호
발리에서 한국으로 전화할 때 : 001+82+(0을 제외한 지역번호)+ 전화번호
발리에서 한국으로 수신자부담으로 전화할 때 : 0018–0182(안내원 연결)

## 대한 항공 발리 노선(KE)

| | 편명 | 구간 | 출발/도착 | 출발일 |
|---|---|---|---|---|
| 직항 | KE 629 | 인천 – 발리 | 17:20 – 23:30 | 월/수/목 |
| | | | 20:10 – 02:20 | 일 |
| | KE 630 | 발리– 인천 | 00:50 – 08:30 | 화/목/금 |
| | | | 03:40 – 11:30 | 월 |
| 경유 | KE 627 | 인천– 자카르타 | 15:05 – 20:10 | 매일 |
| | KE 628 | 자카르타 – 인천 | 21:40 – 06:40 | 매일 |

- **긴급전화 :** 경찰서 110, 화재 113, 응급차 118, 재난신고 111

## 화폐, 환율, 공항세

- **환율 :** 인도네시아의 화폐 단위는 Rp(루피아. Rupiah)이며, 보통 Rp.라고 줄여 적는다. 1Rp. = 약 0.1원이다.

- **화폐 :**

1. 발리 섬 현지에서 환전할 때에는 반드시 달러를 사용해야 하며, 공항 혹은 시내에 있는 환전소에서 Rp.로 환전 가능하다. 환율은 100달러를 기준으로 계산할 때 가장 유리하며, 10, 50달러를 Rp.로 환전할 때에는 1,000~3,000 Rp.의 차이가 있다. 은행의 영업시간은 월~금 8:00~14:00까지이며, 토요일에는 오전 11:00까지 영업한다.

2. 주의해야할 점은 호텔에서 환전하면 편리하지만 환율이 좋지 않다는 점이다. 먼저 환율을 물어본 다음에 환전 여부를 결정하도록 하자. 길거리에 즐비한 환전소에서는 문 앞에 혹하는 환율을 공시하여 손님들을 유혹하고 있지만, 사실 그중에는 높은 수수료라는 함정을 숨기고 있기도 하다. 더욱 악랄한 가게에서는 중국의 암달러 시장처럼 환전한 Rp.를 훔쳐서 적게 주는 경우도 있으니 자기의 눈을 너무 믿고 이러한 가게에 함부로 도전하지 말고, 신용도가 좋은 가게를 찾아 환전하도록 하자.



### 가루다 항공 발리↔자카르타 운항 스케줄

| | 편명 | 출발/도착 | 출발일 |
|---|---|---|---|
| 자카르타<br>–<br>발리 | GA 404 | 08:20 – 11:00 | 매일 |
| | GA 406 | 10:40 – 13:20 | 매일 |
| | GA 408 | 12:00 – 14:40 | 매일 |
| | GA 410 | 13:20 – 16:00 | 매일 |
| | GA 412 | 15:20 – 18:00 | 매일 |
| | GA 414 | 17:00 – 19:40 | 매일 |
| | GA 416 | 18:00 – 20:40 | 매일 |
| | GA 430 | 20:45 – 23:25 | 금 |
| | GA 418 | 21:15 – 23:55 | 매일 |
| | GA 652 | 23:00 – 01:40 | 화/목/토/일 |
| 발리<br>–<br>자카르타 | GA 401 | 06:40 – 07:20 | 목/금/토 |
| | GA 403 | 09:00 – 09:40 | 매일 |
| | GA 405 | 10:20 – 11:00 | 매일 |
| | GA 407 | 12:00 – 12:40 | 매일 |
| | GA 409 | 14:20 – 15:00 | 매일 |
| | GA 429 | 14:40 – 15:20 | 일 |
| | GA 653 | 18:00 – 20:40 | 월/수/금/일 |
| | GA 411 | 15:35 – 16:15 | 매일 |
| | GA 413 | 16:40 – 17:20 | 매일 |
| | GA 415 | 19:00 – 19:40 | 매일 |

- **공항세 :** 발리 섬의 공항세는 100,000 Rp.이며 때로 항공권에 포함되어 있는 경우도 있다.

## 현지 공항 이용방법

1. 발리 공항에 도착하면 통관 절차를 밟아야 한다. 그 전에 미리 입국신고서와 세관신고서를 작성한다. 세관신고서는 특별한 경우가 아니면 체크하지 않는다.
2. 관광을 목적으로 인도네시아를 입국할 경우 녹색의 비자 창구에서 도착 비자를 구입해야 한다. 비용은 체류기간 7일 이내는 10달러, 한달 이내는 25달러이다. (단, 여권의 유효기간이 반드시 6개월 이상 남아 있어야 합니다)
3. 비자 서류를 샀는지 검사한다.
4. 입국심사대에서 입국 심사를 받는다.
5. 짐을 찾고 'nothing to declare'(신고 물품 없음) 표시가 있는 곳으로 나온다.

## 현지 공항에서의 주의사항

- 입국 스탬프의 입국 날짜가 맞는지, 체류기간이 맞는지 반드시 확인한다.
- 스탬프가 제대로 찍혔나 확인하고 잃어버리지 않도록 주의한다.
- 한국에서 비자를 미리 받았을 경우 도착 비자를 구입하지 말고 바로 입국심사를 받으면 된다.

## 공항에서 시내로 이동하기

### 발리 공항에서 택시 타기

공항을 나오면 오른쪽에 매표소가 있고 각 지역까지의 정찰제 택시 요금이 적혀 있다. 일반 미터기 택시와 가격이 비슷하며 우부드까지 간다면 오히려 정찰제 택시가 약간 저렴한 편이다. 이곳에서 티켓을 구입한 후 앞 도로에서 공항택시를 타고 이동한다.

## 인도네시아 출입국 카드

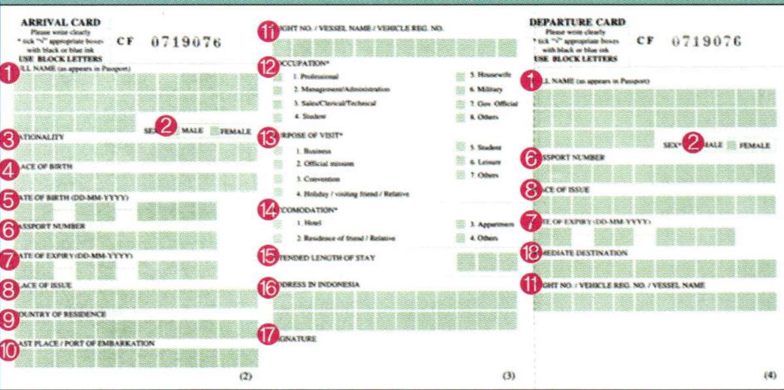

❶ 여권에 기재된 성명(영문)
❷ 성별(남/여)
❸ 국적
❹ 출생지
❺ 생년월일(일–월–년)
❻ 여권번호
❼ 여권 만료 기한
❽ 여권 발급 도시
❾ 현재 거주 국가
❿ 인도네시아에 도착하기 전 들른 국가/출발지
⓫ 비행기·선박 편명
⓬ 직업
⓭ 방문 목적
⓮ 숙박 예정지
⓯ 체제 일수
⓰ 현지 주소
⓱ 서명
⓲ 목적지

# 인도네시아 세관 신고서

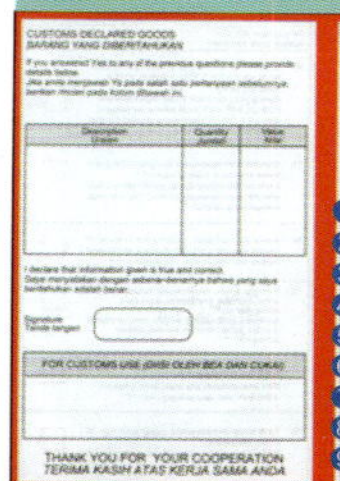
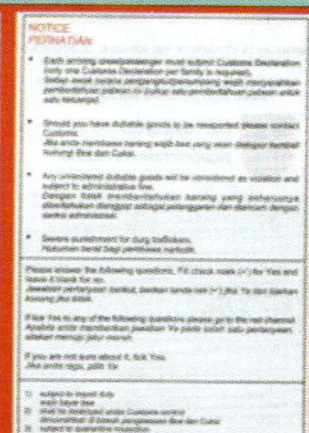

① 인도네시아에 도착한 날짜
② 타고온 비행기 편수
③ 여권에 기재된 설명(영문)
④ 국적
⑤ 생년월일(일–월–년)
⑥ 직업
⑦ 현지 주소(예 : 호텔)
⑧ 동행하는 인원수 (예 : 가족, 단체)
⑨ 가지고 온 짐 갯수

## 다음과 같은 물품을 소지하고 계십니까?

⑩ 해외에서 개인당 미화 250불 또는 가족 단위로 구입한 물품이 1000불이 넘는 것이 있습니까?
⑪ 200가치의 담배 또는 50개피의 시가 또는 200그람 이상의 잎담배나 1리터 이상의 면세 주류가 있습니까?
⑫ 동물, 어류, 식물류 등을 소지하고 계십니까?
⑬ 마약, 항정신성 약물, 화약, 무기, 폭발물, 포르노물 등을 소지하고 계십니까?
⑭ 영사통, 제작된 필름, 비디오 테잎, 비디오 레이져, 레코드 등이 있습니까?
⑮ Rupiah(루피아)라고 규정된 은행 지폐를 1인 5000만 루피아 이상 가지고 계십니까?

## 관련 기관

• 주한 인도네시아 대사관
서울시 영등포구 여의도동 55
전화 (02)783-5675
팩스 (02)780-4280

## 현지 긴급연락처

• 주인도네시아 한국대사관 (자카
르타 소재)
대사관 :
　TEL (62 - 21) 520 - 1915 (대표)
　FAX (62 - 21) 525 - 4159
영사과 :
　TEL (62 - 21) 520 - 8950(대표)
　FAX (62 - 21) 525 - 3967
비상 연락처 :
　당직 (0818 - 809297)
• 재난신고 : 111
• 범죄신고(경찰) : 112
• 화재신고 : 113
• 앰뷸런스 : 118, 119

## 현지 기후

　동경 115도, 남위 8도에 위치한 발
리 섬은 열대 기후에 속한다. 연평
균 기온은 28℃이며, 사계절이 여
름 기후이다. 4~9월은 건기이며,
10~다음해 3월은 우기에 속한다.
일반적으로 건기에는 습도가 낮기
때문에 사람들이 활동하기에 적합
하다. 발리 섬은 비록 연중 내내 온
도가 높지만, 북부의 산악 지역은
서늘하기 때문에 얇고 가벼운 외투
를 준비하도록 한다.

## 현지 교통

• 발리 섬의 Ngurah Rai 국제공
항 및 국내 공항은 쿠타 남부에
위치한다. 입출국장으로 들어서면
수많은 여행사, 호텔 및 택시 기사
들에게 둘러싸이게 된다. 택시,

Bemo(소형 승합 버스) 등을 타고 공항을 빠져나올 수 있으나, 택시의 가격은 비교적 높다. 만약 예산을 고려한다면 공항 정류장을 지나 Jl. Raya Tuban에서 택시를 타게 되면 비교적 저렴하다. 또한 Bemo 역시 Jl. Raya Tuban에서 쿠타 혹은 덴파사르로 당신을 데려다줄 것이다. 어떤 사람은 도보 방식을 선택하기도 하는데, 만약 체력이 좋고, 짐이 많지 않다면 비치를 따라 쿠타로 걸어갈 수도 있다. 거리는 약 2.5km이므로, 자신의 능력에 따라 결정하도록 하자.

• **Bemo :** 소형 승합 버스로 현지에서는 '베모(Bemo)'라고 부른다. 이 이름은 'Becak(삼륜 인력거)'과 'Mobil(자동차)'에서 앞의 두 자를 따서 만든 합성어이다. 베모는 섬에서 가장 편리하고 빠른 교통수단이며, 사방으로 연결되어 있다. 손을 흔들면 즉시 세워주며, 차 안에는 종종 10여 명의 손님들로 채워진다. 심지어는 짐으로 가득할 때도 있으며, 닭과 오리가 동행할 수도 있다. 관광객들에게는 차비를 더 받는 경우도 있으니, 탑승 전에 요금을 먼저 물어보는 것이 좋다. 그렇지 않으면 바가지를 쓰게 될지도 모른다. 일정 수의 손님이 채워지지 않으면 베모는 오랫동안 정차하며 손님을 기다리기도 한다. 만약 시간이 급하다면 돈을 더 주고 시간을 아끼도록 한다. 각 대도시에는 모두 여러 개의 정류장이 있는데, 덴파사르에는 Tegal(남부로 출발하는 차), Ubung(북부 및 서부로 출발하는 차), Butubulan(중부 및 동부로 출발하는 차) 등의 대형 터미널과 Suci, Kereneng, Wangaya 등의 소규모 터미널이 있다. 차의 색깔은 노선에 따라 결정되며, 현지인들은 멀리서 차의 색깔만 봐도 이 Bemo가 어디로 가는 노선인지를 구분할 수 있다.

• **렌터카 :** 소형 Suzuki Jimny 지프차 및 6~8인승 Toyota Kijang은 발리에서 가장 인기 있는 렌터카 종류이다. 주의해야할 점은 발리는 좌측 운행이며, 중부, 북부에는 산길이 많고, 길에는 수시로 닭, 개 등이 지나가기 때문에 직접 운전하는 방법은 그다지 추천하지 않는다. 가장 좋게는 현지 기사를 채용하는 것인데, 하루 렌트 비용이 약 30~45달러 정도이다. 길가에 있는 작은 렌터카 상점에서는 렌트 비용

이 20달러 미만까지도 내려가지만, 보험 등을 고려하여 호텔의 렌터카 서비스를 이용하는 것이 가장 좋다.

• **오토바이** : 오토바이를 빌리면 아주 저렴하게 여행이 가능하다. 125cc 오토바이의 임대비용은 하루에 6달러 정도이며, 소형 스쿠터(Scooter)는 하루 5달러 정도이다. 규정에 따라 반드시 헬멧을 착용하여야 하며, 일반적으로 렌터카 상점에서 이를 같이 제공한다. 이 역시도 국제 면허증이 필요하다는 것을 잊지 말자.

• **택시** : 발리의 택시는 소속 회사에 따라 서로 다른 색깔이 칠해져 있다. 옅은 남회색의 택시는 Bali Taxi이며, 녹색은 Panwirthi Taxi, 오렌지색은 Praja Taxi, 흰색은 Ngurah Rai Taxi, 검은색은 공항 전용 택시이다. 나머지 색깔의 택시는 개인택시이다. 그중에서 Bali Taxi 회사의 옅은 남회색 택시가 가장 평가가 좋은데, 이 회사의 택시는 미터기에 따라 돈을 지불하면 되고, 탑승 거부를 하지 않으며, 유실물이 있는 경우 반드시 찾아주는 것으로 유명하다. 녹색의 Panwirthi Taxi는 기사들이 매일 일정한 금액을 회사에 입금해야 하기 때문에 종종 바가지를 씌우는 경우가 발생한다. 흰색의 Ngurah Rai Taxi는 개인협회에 속한 택시로 기사들은 미터기 대신 말로 가격을 불러 흥정을 하기 때문에 대중없다. 이러한 택시들 외에 길거리에는 불법 택시가 가득한데, 택시 영업증이 없는 개인이 길을 따라 손님을 끌고 있다. 처음으로 발리에 온 관광객들은 신중하게 선택하는 것이 좋다.

## 공휴일

1.1 신년
1.20 회교 신년
2.18 구정
3.19 힌두 신년
3.31 마호멧 탄신일
4.6 예수 서거일
5.17~18 예수 승천일
6.1 석가 탄신일
8.11 마호멧 승천일
8.17~18 독립기념일
10.13~14, 10.12~16 Lebaran
12.20/12.21~24 회교 성인일
12.25 성탄절

## 발리의 축제

### 1) 사원축제 (ODALAN)

오달란 사원축제는 1년을 210일로 하는 발리력에 따르면 발리에 1~2주 정도 묶으면 한 번 이상은 꼭 보게 되는 흔한 축제이다. 행사의 규

모는 사원의 중요도와 스폰서의 재력여하에 따라 천차만별이다. 축제 당일에 마을의 남녀는 깨끗하고 화려하게 치장하고 재물을 준비한 다음 높게 쌓은 제물을 여인들이 머리에 이고 사원까지 행차한다. 신들에게 지내는 제사가 끝나면 남은 음식은 다시 집으로 가지고 간다. 3일간의 축제일 동안 닭싸움, 주술 시범, 연주, 바틱 상인, 사테를 (꼬치구이)파는 노천 카페 등으로 분위기가 매우 시끌벅적하다.

## 2) 갈룽안(GALUNGAN)

갈룽안은 힌두 최고의 신이 세상을 창조한 것과 선이 악을 이긴다는 의미의 행사로 매우 중요하다. 축제 기간에는 작물을 새로이 심는 것이 금지된다. 발리 힌두의 전설에 따르면 갈룽안은 인드라 신이 사람들을 도와 모든 악마의 왕 MAYADANAWA를 물리친 기념이라 한다. 축제일에 학교는 휴강하며 상점은 휴업한다. 대부분 기도로 이루어지며 축제가 끝나면 온 가족들이 모여 식사하고 즐긴다.

## 3) 꾸닝안(KUNINGAN)

갈룽안 10일 후의 축제일로, 발리에서 2번째로 중요한 축제이자 갈룽

안과 마찬가지로 제물을 바치고 기도를 드리는 것으로 이루어진다. 축제날에 TAMPAK SIRING의 신성한 온천에는 발리 순례자들이 성수로 목욕하기 위해 엄청나게 몰려든다.

## 4) 네피 (NYEPPY)

발리 음력(SAKA YEAR)으로 3월 말에서 4월 초에 있으며 발리의 설날이라고 할 수 있다. 조용한 분위기에서 기도를 하는데, 이날만큼은 전기도 쓰지 않고 어떤 교통수단도 이용하지 않으며 아무 일도 하지 않고 어떤 성행위나 오락거리가 행해져서도 안 된다. 밤에 불을 켤 수 없기 때문에 음식은 미리미리 준비하고 오직 작은 촛불 몇 개만이 허용될 뿐이다. 관광객이 공항에 가야 한다면 호텔측이 명단을 만들어 촌장(BANJAR)에게 허락을 맡고 경찰에 호위되어 이동해야 한다.

## 5) 에카 다사 루드라 (EKA DASA RUDRA)

100년에 한 번씩 열리는 이 행사는 선과 악의 대등한 힘을 조절하기 위한 것으로, 발리의 가장 중요한 종교적 행사이다. 발리 사람들은 이 행사가 발리나 또는 힌두교도들

만을 위한 것이 아니고 전 세계를 위한 것이라고 한다. 남자들은 배를 타고 바다에 나가 파도 속에 제물을 던진다. 제물에 쓰이는 물소는 뿔에 금박을 입히고 다리에는 은으로 된 발찌를, 목에는 돌을 메달아 놓는다. 그다음 모든 사람들이 브사키 사원으로 가서 발리 11개 방향을 향해 기도를 드린다. 24명의 승려들은 독수리부터 뱀에 이르기까지 다양한 제물을 준비한다.

### 6) 국제 연날리기 대회(INTERNA-TIONAL KITE FESTIVAL)

국제 연날리기 행사는 주로 8월에 사누르 북쪽의 또파티 마을에서 행해지는데 바람이 크고 비가 내리지 않아 연날리기에 알맞다. 다양한 모양과 크기의 연을 볼 수 있다.

### 7) 서핑 대회 (SURFING COMPE-TITION)

매년 9월에는 울루와투 또는 빠당 비치에서 서핑 대회가 개최된다. 발리 주지사 및 각국 대사들이 참관하며 하와이, 캘리포니아, 호주의 서핑 챔피언들이 심사를 맡는다.

### 8) 소 경주 (BULL RACE)

매년 7월에서 10월 사이에 느가라(NEGARA) 지역에서 소 경주가 열린다. 잘 훈련된 소에 비단 장식을 두르고 뿔에는 색을 칠하고 목 둘레에는 나무로 된 종을 달아 메는데, 소의 스피드와 스타일에 의해 승자가 결정된다. 이 축제는 추수의 신에게 감사드리기 위한 것으로, 우승한 소는 종마로 이용된다.

## 여행정보

**• 덴파사르 여행자 서비스 센터**
Department of Tourism, Art and Culture Bali Regional Office
🏠 Jl. Raya Puputan Niti Mandala, Denpasar

📞 225649
**• Bali Tourist Information**
🏠 Century Plaza, Jl. Benasari No.7, Legian
📞 754090

## 현지 관광 주의 사항

• 사원에는 반바지 또는 짧은 치마를 입고 들어갈 수 없다. 사원 밖에서 사롱 및 허리띠를 빌려 입어야 한다.

• 제사 의식 중에 사진을 찍을 때, 무릎을 꿇고 절, 기도하는 사람들 중에 서있어서는 안된다. 또한 플래시를 사용하여 사진을 찍을 수 없다.

• 발리에서는 힌두교 계급 제도가 그다지 엄격하게 구분되어 있지 않지만, 계급을 구분하지 못해 제사 계급을 불쾌하게 하지 않도록 하기 위해 어린아이의 머리 부분을 함부로 쓰다듬는 등의 행동을 해서는 안 된다.

• 현지인들의 사진을 찍고자 한다면 먼저 허락을 받도록 하자. 존중의 의미도 있으며, 또한 사후에 비용을 요구하는 등의 문제로 인한 논쟁을 피하기 위해서이다.

• 왼손은 청결하게 여기지 않기 때문에 사람들과 접촉할 때에는 가능한 한 오른손을 사용해야 한다.

• 발리의 자외선은 매우 강하다. 모자, 선글라스, 선크림 등을 반드시 준비하고, 물을 많이 마시도록 한다.

• 발리의 물은 직접 마실 수 없다. 반드시 광천수를 구입하여 마시도록 하고, 길거리에서 판매하는 음료수의 얼음을 먹지 말아야 한다.

• 해산물은 날 것으로 먹지 말자.

• 발리에는 의약품이 상당히 부족하기 때문에 일상 약품은 준비해 가도록 한다.

• 대부분의 화장실에는 화장지가 없으니 자기가 준비해서 들어가야 한다.

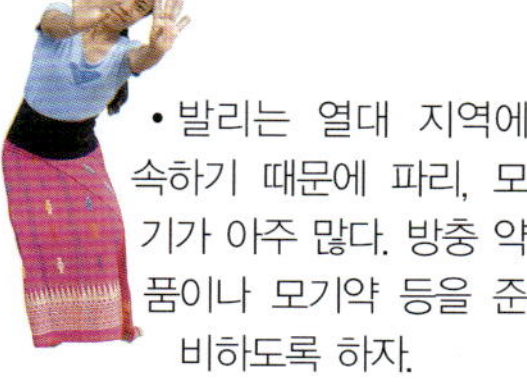

- 발리는 열대 지역에 속하기 때문에 파리, 모기가 아주 많다. 방충 약품이나 모기약 등을 준비하도록 하자.
- 발리는 차도, 인도 모두 왼쪽으로 통행한다.

## 실용 회화

◎안녕하세요?
Apa khabar?(아파 까비르?)
◎저는 좋습니다.
Khabar baik.(까바르 바익)
◎어서요, 부디.
Silakan.(실라칸)
◎고맙습니다.
Terima kasih.(뜨리마 까쉬)
◎미안합니다.
Minta Maaf.(민따 마아프)
◎죄송합니다. Sori.(소리)
◎안녕히 가세요.
Selamat tinggal. Selamat jalan.
(슬라맛 띵갈. 슬라맛 잘란)
◎말씀 좀 묻겠습니다.
Numpang Nanya.(눔팡 난야)
◎부탁합니다. Tolong.(또롱)
◎아침인사
Selamat pagi. (Pagi)(슬라맛 빠기)
◎점심인사 Siang.(시앙)
◎안녕히 주무세요.
Selamat malam. (Malam)

(슬라맛 말람)
◎얼마예요?
Ini harga berapa?
(이니 할가 버라파?)
◎너무 비싸요. 좀 깎아주세요.
Terlalu mahal, tolong murah sedikit.
(뜨르랄루 마탈 똘롱 무라 스디낏)
◎얼마나 걸려요?
Mau berapa lama?(마우 버라파 라마)



## 그 밖의 필수 아이템

### 여행자보험

여행자보험이란 여행을 끝마치고 귀국할 때까지 생긴 사고에 대한 보상을 해주는 일회성 보험이다.
보험신청은 보험회사 화재부와 여행사를 통해 할 수 있으며, 공항의 여행보험 판매계에서 출국 직전에도 쉽게 할 수 있다. 보상금에 따라 보험금의 차이가 있지만 보통 2만원 가량의 보험금이 지출된다.

### 국제학생증

만약 학생인 경우에는 국제학생증(International Student Identity Card)을 발급받아 떠나는 것이 좋다. 국제학생증을 제시하면 박물관, 미술관, 극장, 레스토랑 등에서 여러 가지 할인혜택을 받을 수 있다. 한

국에서 국제학생증을 발급받지 못했다면 현지에서 발급받을 수 있다. 국제학생증은 대부분의 국가에서 취급하기 때문에 발급받는 장소만 알고 있다면 오히려 우리나라보다 간편하게 즉석에서 받을 수도 있다.

- 발급장소 : ISEC 국제학생증 한국 본사나 서울 종각역 근처 대부분 여행사에서 발급가능
- 구비서류 : 재학증명서, 신분증, 여권사진 1매
- 발급비용 : 14,000원
- 소요시간 : 접수 후 2일 이내 발송

### 신용카드

해외여행을 갈 때에는 사용할 일이 없더라도 만약을 대비해 신용카드를 가져가는 것이 좋다. 신용카드는 휴대가 간편하고 분실했을 경우 즉시 신고하면 보상받을 수 있다는 장점 뿐만 아니라 카드 종류에 따라 마일리지나 포인트 적립을 받아서 상품이나 현금으로 사용하는 등 여러 가지 혜택을 받을 수 있기 때문이다.

### 여행자 수표 (T/C)

여행자 수표는 현금 대신 사용할 수 있고 한도가 있으므로 사용 예산을 조절할 수 있다. 현지 은행에서 현금으로 교환 가능하며 환율이 현금보다 유리하다는 장점이 있다. 또한 분실/도난시 재발급을 받을 수 있어 안정성을 보장받을 수 있다. 하지만 모든 곳에서 사용할 수 있는 것은 아니며 발행회사의 환전소가 아닐 경우 수수료를 물게 된다는 단점도 있다. 발행회사는 AMEX와 VISA 두 곳이 있고 국민은행이나 외환은행에서 발급받을 수 있다. 여행자수표는 발급 즉시 서명하고 사용할 때 다시 서명해야 하며, 서명란 두 곳이 모두 서명되어 있으면 사용할 수 없다.

### 각 항공사 연락처

- 대한항공(KE) : 1588-2001
- 아시아나항공(OZ) : 1588-8000
- 인도항공(AI) : 02-752-6310~1
- 타이항공(TG) : 02-3707-0011
- 케세이퍼시픽항공(CX) : 02-311-

2800
- 싱가포르항공(SQ) : 02-3455-6500
- 로얄네팔항공(RA) : 02-2648-8848

## 여권발급요령

출국을 하려면 누구나 여권을 발급받아야 한다. 여권에는 1년의 유효기간동안 1회의 해외여행이 가능한 단수여권과 5년의 유효기간 동안 횟수에 제한 없이 해외여행을 할 수 있는 복수여권이 있다. 특별한 사유가 없는 여행자는 해외여행을 할 때마다 여권을 발급받을 필요 없이 복수여권을 발급받는 것이 경제적이다.

2005년 9월 30일 이전에 발행된 구여권은 유효기간 동안 사용이 가능하다. 신여권 제도로 바뀌면서 기존의 유효기간 연장 제도가 폐지되었으므로 연장 가능한 구여권에 대해 신여권 발급 신청서를 작성하면 5년 유효기간의 신여권을 발급받을 수 있다.

## 여권 발급 구비서류

- 여권 발급 신청서
- 최근 3개월 이내에 찍은 여권사진(3.5cm X 4.5cm)
- 주민등록등본 1부
- 주민등록증 또는 운전면허증
- 대리신청의 경우 본인의 위임장과 주민등록증 및 그 사본과 대리인의 주민등록증이 필요하다.
- 만 18세 미만의 경우 부모의 여권 발급동의서 및 동의인의 인감증명서가 필요하다.

## 여권 발급비용

- 복수여권 – 55,000원
- 단수여권 – 20,000원
- 구여권⇨신여권(5년) – 15,000원

## 여권 발급기관

- 서울 : 종로구청, 노원구청, 서초구청, 영등포구청, 동대문구청, 강남구청
- 지방 : 각 시청과 도청의 여권과

# 여행자수표

## Q & A

**Q : 여행자수표는 어디에 쓰면 좋나요?**

**A : 해외 여행 :** 여행자수표는 현금을 대신하는 것으로 지갑에 계속 신경 쓰지 않고 여행을 즐길 수 있습니다. 또한 여행자수표를 사용하면 여행 경비를 조절할 수 있습니다. 신용카드와 달리 있는 만큼 쓰는 것이기 때문에 예산범위 내에서 사용 가능합니다.

**해외 출장 :** 해외 전시회에 참가하거나 제품을 구입할 때, 대부분 현지에서 즉시 지불해야 하는 경우가 많습니다. 계약금을 내거나, 샘플 구입비를 결제할 때, 혹은 예상치 못한 지출이 발생하거나, 카드를 받지 않는 경우에도 여행자수표는 적절하게 사용 가능합니다. 현지 은행에서 현금으로 교환할 수 있기 때문에 현금을 가지고 출국하는 것보다 안전합니다.

**해외 유학 :** 여행자 수표는 학비, 생활비를 지불하는 수단으로도 사용할 수 있습니다. 단기 연수의 경우 체재기간이 비교적 짧아 일반적으로 해외에서 통장개설을 하지 않습니다. 그러므로 여행자수표로 학비, 생활비 등을 지불하는 것은 안전하면서도 신용카드의 한도 제한에 구애받지 않는 가장 편리한 방법입니다. 유학의 경우, 준비해야 할 비용이 더욱 큽니다. 현지에서 통장을 개설하기 전에 사용할 돈을 안전하게 준비하는 방법으로 여행자수표가 유용하게 사용됩니다.

이밖에도 여행자수표를 구입할 때에는 환율이 일반적으로 현금보다 유리합니다. 환율이 낮아 출국 이전부터 약간의 비용을 절약할 수 있고, 또한 안전하다는 장점이 있습니다.

**Q : 어디에서 아멕스 여행자수표를 살 수 있나요?**

**A :** 은행과 온라인에서 여행자수표를 구입할 수 있습니다.

▶ 은행 : 지점을 포함한 전국 각 은행에서 구입 가능. 단, 외한은행에서는 호주 달러와 영국 파운드, 일본 엔화, 캐나다 달러만 구입 가능.

▶ 인터넷 예약 : 우리은행과 신한은행 웹사이트에서 온라인으로 구매할 수 있음.

자세한 내용은 http://www.americanexpress.com/korea 참고.

**Q : 여행자수표를 구입하려면 어떤 절차가 필요하나요?**

**A :** 여행자수표 구입은 현금 환전과 마찬가지로 간단합니다. 신분증과 현금만 있으면 구입 가능합니다.

**Q : 여행자수표를 분실하면 현지에서 재발급 가능한가요?**

**A :** 아멕스 여행자수표는 전 세

계 84,000여개 은행과 환전소 등의 파트너와 함께 일하고 있으며, 동시에 2,200개의 여행서비스센터를 두고 있습니다. 여행자수표 분실 시 일반적으로 모두 현지에서 재발급이 가능하며, 수수료도 없습니다. 다음 여행지에서 재발급 신청하셔도 됩니다.



A : 여행자수표를 구입할 경우 외화를 현금으로 구입하는 것보다 일반적으로 쌉니다. 외국에서 현지화폐로 교환할 때, 수수료를 면제해 주는 환전소도 많기 때문에 어떤 때에는 더 많은 현지화폐를 손에 쥘 수 있습니다. 수수료 등에서 돈을 아낄 수 있을 뿐더러 수지타산이 잘 맞는 방법입니다.



A : 여러 방식을 선택해서 사용하는 것이 좋으며 편리하게 사용할 수 있어야 합니다. 예를 들어 캐나다에 1년 정도 간다고 하면 학비는 1만 캐나다 달러 정도 되며, 생활비는 8천 달러 정도 소요됩니다. 학비를 현지에서 지불한

다면 여행자수표를 이용하는 것이 가장 좋습니다. 생활비는 70% 정도는 여행자수표, 20% 정도는 신용카드, 10%는 현금으로 사용하는 것이 좋습니다.

### 여행자수표의 사용방법

1. **구입 후 즉시 서명 :** 구입 후 즉시 수표 왼쪽 상단에 사인합니다. 어떤 언어도 무방합니다.

2. **사용 시 재서명 :** 사용할 때에 수취인의 앞에서 왼쪽 하단에 상단과 일치하는 사인을 하면 됩니다.

3. **따로 보관 :** 구매계약서와 여행자수표는 따로 보관하세요. 만약 여행자수표를 분실, 훼손한 경우 구매계약서를 가지고 각지의 분실 배상서비스센터에 가서 분실처리를 하도록 합니다.

# 여행 회화

Travel Conversation

# 출국과 입국

## ■기내에서

이 좌석이 어디 있는지 알려주시겠어요?
Could you help me to find my seat, please?
쿠 쥬 헬프 미 투 파인드 마이 씻, 플리즈?

실례합니다만 저의 자리에 앉아계신 것 같은데요.
Excuse me. I think you're sitting in my seat.
익스큐즈 미. 아이 띵크 유아 씨링 인 마이 씻

저와 자리를 바꿔주시겠어요?
Do you mind changing your seat with me?
두 유 마인드 체인지 유어 씻 위드 미?

한국 잡지나 신문 있어요?
Do you have Korean magazines or newspapers?
두 유 해브 코리안 매거진스 오어 뉴스페이펄스?

음료는 무엇으로 하시겠습니까?
What would you like to drink?
왓 우 쥬 라익 투 드링크?

콜라 한 캔 주세요.
Coke, please.
코크 플리즈.

탑승권을 보여 주시겠습니까?
May I see your boarding pass?
메아이 씨 유어 보딩 패스?

뭐 마실 것 좀 주시겠어요?
Can I have something to drink?
캔 아이 해브 썸띵 투 드링크?

펜 좀 빌릴 수 있을까요?
Can I borrow a pen?
캔 아이 바뤄우 어 펜?

얼마나 더 가야합니까?
How many more hours to go?
하우 매니 모어 아월스 투 고?

여기 앉아도 될까요?
Can I seat here?
캔 아이 씻 히어?

베개를 가져다주시겠어요?
Could you bring me a pillow, please?
쿠 쥬 브링 미 어 필로우, 플리이즈?

## ■ 입국심사

여권과 입국신고서를 볼 수 있을까요?
Can I see your passport and landing card, please?
캔 아이 씨 유어 패스포트 앤 랜딩 카드, 플리즈?

여기 있습니다.
Here they are.
히어 데이 아.

발리 방문이 처음이십니까?
Is it your first visit to Bali?
이즈 잇 유어 퍼스트 비짓 투 발리?

방문 목적이 무엇입니까?
What's the purpose of your visit?
왓츠 더 퍼포즈 오브 유어 비짓?

관광입니다.
For sightseeing.
포 싸이트씨잉.

돈을 얼마나 소지하고 계십니까?
How much money do you have?
하우 머취 머니 두 유 해브?

약 3500루피아를 가지고 있습니다.
I have about Rp.3,500.
아이 해브 어바웃 쓰리 따우젼 화이브 헌드뤠드 루피아.

2주간 머물 예정입니다.
I'm going to stay for two weeks.
아임 고잉 투 스테이 포 투 윅스.

어디에서 머물 예정이십니까?
Where are you going to stay?
웨얼 아 유 고잉 투 스테이?

알릴라 호텔입니다.
At the Alila Ubud.
앳 더 알릴라 우부드.

발리에 얼마 동안 머물 예정입니까?
How long are you going to stay in Bali?
하우 롱 아 유 고잉 투 스테이 인 발리?

2주간 머물 예정입니다.
I'm going to stay for two weeks.
아임 고잉 투 스테이 포 투 윅스.

이 곳에 친척이 있습니까?
Do you have any relatives here?
두 유 해브 애니 렐러티브스 히어?

네. 삼촌이 발리에 살고 있습니다.
Yes. My uncle is living in Bali.
예스. 마이 엉글 이스 리빙 인 발리.

## ■세관통과

신고할 물건이 있습니까?
**Do you have anything to declare?**
두 유 해브 애니띵 투 디클레어?

신고할 게 없습니다.
**I have nothing to declare.**
아이 해브 낫띵 투 디클레어.

혹시 담배 같은 것 가져오셨는지요?
**Did you bring any tobacco products?**
디 쥬 브링 애니 터바코 프라덕츠?

담배 한 보루가 있는데 제가 피우려고 샀습니다.
**I've got a pack of cigarette. That's for my personal use.**
아이브 갓 어 팩 오브 시가렛. 댓츠 포 마이 퍼스널 유스.

이 물건의 가격이 대략 얼마나 됩니까?
**What's the approximate value of it?**
왓츠 디 어프록시밋 밸류 오브 잇?

250루피아 주고 샀습니다.
**I paid Rp.250 for it.**
아이 패이드 투헌드뤠드 앤 휘프티 루피아 포 잇.

관세 100루피아를 내야 합니다.
**I have to charge you Rp.100 duty for that.**
아이 해브 투 차쥐 유 어 원 헌드레드 루피아 듀리 포 댓

가방에 뭐가 들어있는지 볼 수 있나요?
**Can I see what's in your bag, please?**
캔 아이 씨 왓츠 인 유어 백, 플리즈?

제 디지털 카메라입니다.
**That's my digital camera.**
댓츠 마이 디지를 캐머뤄.

개인적 용도로 가져왔습니다.
**I brought it for my personal use.**
아이 브로웃 잇 포 마이 퍼스널 유스.

과일이나 야채 혹은 동물 등이 있습니까?
**Do you have any fruits or vegetables or animals?**
두 유 해브 애니 프룻츠 오어 베쥐터블스 오어 애니멀스?

그것을 가지고 입국하는 것은 금지되어 있습니다.
**You are not allowed to bring them in.**
유 아 낫 얼라우드 투 브링 댐 인.

## ■ 공항에서

이 근처에 추천할만한 관광명소가 있나요?
Could you recommend some places of interest around here?
쿠 쥬 뤠커멘드 썸 플레이시스 어브 인터뤠스트 어롸운 히어?

이 신고서를 어떻게 작성하는지 알려 주시겠어요?
Would you show me how to fill out this form, please?
우 주 쇼우 미 하우 투 필 아웃 디스 폼, 플리즈?

관광안내소가 어디 있는지 아세요?
Do you know where the tourist information center is?
두 유 노 웨어 더 투어뤼스트 인포메이션 센터 이스?

환율이 어떻게 됩니까?
What's the exchang rate?
왓츠 디 익스체인쥐 뤠잇?

시가지도 한 장 주시겠어요?
May I have a city map, please?
메아이 해브 어 씨리 맵, 플리즈?

이걸 인도네시아 통화로 환전할 수 있을까요?
Could you exchange this for Indonesia Rupiah, please?
쿠 쥬 익스체인쥐 디스 포 인도니시아 루피아, 플리즈?

값싼 호텔 하나 추천해주시겠어요?
Could you recommend a cheap hotel?
쿠 쥬 레코멘드 어 칩 호텔?

예약 좀 해 주시겠어요?
Could you make a reservation for me, please?
쿠 쥬 메이크 어 레져베이션 포 미, 플리즈?

관광안내책자 한 권 주세요.
Please, give me a tourist brochure.
플리즈, 깁 미 어 투어뤼스트 브로슈어.

버스 시간표 한 장 주세요.
Please, let me have a bus timetable.
플리즈, 렛 미 해브 어 버스 타임테이블.

약도를 좀 그려 주시겠어요?
Could you draw me a map, please?
쿠 쥬 드뤄우 미 어 맵, 플리즈?

출구가 어느 쪽이죠?
Where's the exit?
웨어즈 디 에그짓?

# 교통수단의 이용

## ■Bus 이용

버스정류장이 어디죠?
Where's the bus stop?
웨어즈 더 버스 스탑?

길 건너에 있습니다.
It's on the opposite side of the road.
잇츠 온 디 오퍼짓 사이드 오브 더 로드.

몽키 포레스트에 가려면 어떤 버스를 타야하나요?
Which bus should I take to get to the Monkey Forest?
위치 버스 슈드 아이 테익 투 겟 투 더 몽키 포레스트?

45번 버스를 타세요.
Take the number 45 bus.
테익 더 넘버 포리 화이브 버스.

요금이 얼마죠?
How much is the fare?
하우 머취 이스 더 훼어?

어른 한 명에 20루피아입니다.
It's Rp.20 for an adult.
잇츠 투웬티 루피아 포 언 어덜트.

어디서 내려야하나요?
Where should I get off?
웨어 슈드 아이 겟 오프?

갈아타야 하나요?
Do I have to transfer?
두 아이 해브 투 트렌스훠?

버스를 잘못 탄 것 같아요.
I think I took the wrong bus.
아 띵크 아 툭 더 롱 버스.

박물관 앞에서 내려주세요.
Drop me off in front of the Museum, please.
드롭 미 오프 인 프론트 오브 더 뮤지엄, 플리즈.

## ■Taxi 이용

택시 승강장이 어디입니까?
Where is a taxi stand?
웨어 이즈 어 택시 스탠드?

트렁크 좀 열어주시겠어요?
Could you open the trunk, please?
쿠 쥬 오픈 더 트렁크, 플리즈?

어디로 가십니까?
Where would you like to go?
웨어 우 쥬 라익 투 고?

이 주소로 데려다 주세요.
Take me to this address, please?
테익 미 투 디스 어드뤠스, 플리즈?

직진해서 세 블록만 가주세요.
Just go straight three blocks, please.
저스트 고 스트뤠잇 쓰뤼 블락스, 플리이즈.

공항으로 급히 가야합니다.
I'm in a hurry to go to the airport.
아임 인 어 허뤼 투 고 투 디 에어포트.

기본요금이 얼마죠?
What's the basic rate?
왓츠 더 베이직 뤠잇?

공항까지 얼마나 걸릴까요?
How long does it take to go to the airport?
하우 롱 더즈 잇 테익 투 고 투 디 에어포트?

가장 빠른 길로 가주세요.
Please, take the shortest way.
플리즈, 테이크 더 쑈리스트 웨이.

여기서 내려주세요.
Stop here, please.
스탑 히어, 플리즈.

잔돈은 그냥 가지세요.
Keep the change.
킵 더 체인쥐.

## ■렌트카 이용

차 한 대 렌트하고 싶습니다.
I'd like to rent a car, please.
아이두 라익 투 렌트 어 카, 플리즈.

어떤 차를 원하십니까?
What kind of car would you like?
왓 카인드 오브 카 우 쥬 라익?

자동차 목록을 보여주시겠어요?
Can I see your car list?
캔 아이 씨 유어 카 리스트?

세단 오토매틱으로 부탁합니다.
A sedan with an automatic transmission, please.
어 세단 위드 언 오토메틱 트렌스미션, 플리즈?

수동 기어로 부탁합니다.
I'd like a car with a standard transmission, please.
아이 두 라익 어 카 위드 어 스텐다드 트렌스미션, 플리즈.

보험이 포함되었나요?
Does it include insurance?
더즈 잇 인클르드 인슈어런스?

종합보험으로 해주세요.
Full insurance, please.
풀 인슈어런스, 플리즈.

하루에 얼마입니까?
How much is the rate per day?
하우 머취 이즈 더 레잇 퍼 데이?

그것으로 하겠습니다.
Ok. I'll take it.
오케이 아일 테익 잇.

얼마동안 쓰실 거죠?
How long will you need it?
하우 롱 윌 유 니드 잇?

15일간 렌트하려고요.
I'll rent it for 15 days.
아일 렌트 잇 포 휘프틴 데이즈.

다음달 말까지 필요해요.
I need it until the end of next month.
아이 니드 잇 언틸 디 엔드 오브 넥스트 먼쓰.

렌트 전에 차를 한 번 보고 싶습니다.
I'd like to see the car before I rent it.
아이두 라익 투 씨 더 카 비포 아이 렌트 잇.

길을 잃었어요.
I'm lost.
아임 로스트.

이 길의 이름은 뭐죠?
What's the name of this street?
왓츠 더 네임 오브 디스 스트릿?

이 근처에 백화점이 있나요?
Is there a department store near by?
이스 데얼 어 디파트먼트 스토어 니얼 바이?

이미 지나왔어요.
You've come too far.
유브 컴 투 파.

공중전화가 어디 있습니까?
Where can I find a public phone?
웨어 캔 아이 파인드 어 퍼블릭 폰?

다음 신호등에서 오른쪽으로 가세요.
Turn right at the next traffic light.
턴 롸잇 앳 더 넥스트 트뤠픽 라잇.

골프 빌라 너바나 가는 길 좀 가르쳐주시겠어요?
Could you tell me the way to the Golf Vila Nirvana?
쿠 쥬 텔 미 더 웨이 투 더 골프 빌라 너바나?

다음 모퉁이에서 우측으로 돌아가세요.
Turn left at the next corner.
턴 레프트 앳 더 넥스트 코너.

이 길을 따라가세요.
Just go along this street.
저스트 고 어롱 디스 스트릿.

소방서 건너편에 있어요.
It's across the street from the fire house.
잇츠 어크로스 더 스트릿 프롬 더 파이어 하우스.

저도 이 근방의 지리를 잘 몰라요.
I just don't know the way around here.
아이 저스트 돈 노 더 웨이 어롸운 히어.

경찰에게 물어보는 게 좋겠네요.
You'd better ask the police officer.
유드 베러 애스크 더 폴리스 오피서.

약도를 좀 그려주시겠습니까?
Could you draw me a map, please?
쿠 쥬 드로우 미 어 맵, 플리즈?

이 지도에서 제가 있는 곳이 어디죠?
Where on this map am I?
웨어 온 디스 맵 앰 아이?

여기서 기아냐르까지 먼가요?
Is Gianyar far from here?
이스 기아냐르 파 프롬 히어?

# 호텔에서



## ■호텔 예약과 체크인

예약을 하고 싶은데요.
I'd like to make a reservation, please.
아이드 라익 투 메이크 어 레저베이션, 플리즈.

이틀간 묵을 2인실 하나를 예약하고 싶은데요.
I'd like to book a twin room for two nights.
아이드 라익 투 북 어 트윈 룸 포 투 나잇츠.

얼마 동안 묵을 예정이십니까?
How long will you stay?
하우 롱 윌 유 스테이?

3일간 묵을 예정입니다.
I'll stay for 3 nights.
아일 스테이 포 쓰뤼 나잇츠.

죄송합니다. 모두 예약이 끝났습니다.
I'm sorry, rooms are all booked up.
아임 쏘리. 룸스 아 올 북트 업.

어떤 방을 원하십니까?
What kind of room would you like?
왓 카인드 오브 룸 우 쥬 라이크?

전망이 좋은 2인실로 부탁합니다.
I'd like a double room with a nice view.
아이드 라이크 어 더블 룸 위드 어 나이스 뷰.

하룻밤 숙박료가 얼마죠?
How much for one night?
하우 머취 포 원 나잇?

더 싼 방 있나요?
Do you have anything cheaper?
두 유 해브 애니띵 췹퍼?

아침식사가 포함된 요금인가요?
Does this rate include breakfast?
더즈 디스 뤠잇 인클루드 브뤡퍼스트?

## ■호텔 서비스

서울로 국제전화를 걸고 싶습니다.
I'd like to make a call to Seoul, Korea.
아이 두 라익 투 메이크 어 콜 투 서울 코리아.

6시에 모닝콜 좀 해주세요.
I'd like to get a wake-up call at 6:00.
아이드 라익 투 겟 어 웨이크-업 콜 앳 씩스.

귀중품을 여기에 맡길 수 있을까요?
Can I keep my valuables here?
캔 아이 킵 마이 밸류어블스 히어?

팁입니다.
Here's your tip.
히얼스 유어 팁.

여기 한국어를 할 줄 아는 사람이 있나요?
Does someone here speak Korean?
더즈 섬원 히어 스픽 코리안?

짐을 방으로 옮겨줄 사람이 필요한데요.
I need someone to bring my baggage up.
아이 니드 섬원 투 브링 마이 배기쥐 업.

방에 금고가 있습니까?
Does the room have a safety box?
더즈 더 룸 해브 어 세이프티 박스?

인터넷을 어디서 이용할 수 있어요?
Where can I use the internet?
웨어 캔 아이 유스 디 인터넷?

이 소포를 한국으로 보내주세요.
I'd like to send this parcel to Korea.
아이드 라익 투 센드 디스 파슬 투 코리아.

공항 셔틀버스가 얼마나 자주 오나요?
How often does the airport shuttle bus come?
하우 오픈 더즈 디 에어포트 셔틀 버스 컴?

## ■체크아웃

몇 시에 체크아웃을 해야 하나요?
When's the check out time?
웬즈 더 체크아웃 타임?

하루 더 묵고 싶은데요.
I'd like to stay one more night.
아이드 라익 투 스태이 원 모어 나잇.

하루 일찍 나가고 싶은데요.
I'd like to leave one day earlier.
아이드 라익 투 리브 원 데이 얼리어.

체크아웃 부탁합니다.
Check out, please.
체크아웃, 플리즈.

11시 30분에 체크아웃하겠습니다.
I'm going to check out at 11:30.
아임 고잉 투 체크아웃 앳 일레븐 써리.

계산서 주세요.
Bill, Please.
빌, 플리즈.

방에 뭘 두고 왔어요.
I left something in my room.
아이 레프트 썸띵 인 마이 룸.

합계요금이 얼마죠?
How much is the total charge?
하우 머취 이스 더 토럴 차아쥐?

카드로 계산해도 되나요?
Can I pay by credit card?
캔 아이 패이 바이 크뤠딧 카드?

여행자수표도 취급하나요?
Do you accept traveler's checks?
두 유 억셉트 트뤠블러스 첵스?

# 식당 · 쇼핑

## ■ 주문하기

메뉴 좀 주세요.
Menu, please.
메뉴, 플리즈.

주문하시겠습니까?
May I take your order, please?
메아이 테익 유어 오더, 플리즈?

메뉴 좀 다시 보여주시겠어요?
Can I see the menu again?
캔 아이 씨 더 메뉴 어게인?

음료를 먼저 주문하겠습니다.
We'd like to order drinks first.
위드 라익 투 오더 드링크스 퍼스트.

조금만 더 기다려주시겠어요?
Would you give me a few more minutes?
우 쥬 깁 미 어 퓨 모어 미닛츠?

이 식당에서 잘하는 요리가 뭐죠?
What's the specialty of the house?
왓츠 더 스페셜티 오브 더 하우스?

오늘의 특별요리가 뭐죠?
What's today's special?
왓츠 투데이스 스페셜?

이것과 이걸로 하겠습니다.
I'll have this and this, please.
아일 해브 디스 앤 디스, 플리즈.

이건 어떻게 요리되어 나오나요?
How is it cooked?
하우 이즈 잇 쿡트?

이것의 재료가 뭐죠?
What are the ingredients of it?
왓 아 더 인그뤼디언츠 오브 잇?

저것과 같은 걸로 주세요.
I'd like to have the same dish as that.
아이드 라익 투 해브 더 쌔임 디쉬 애즈 댓.

더 필요한 거 있으십니까?
Anything else?
애니띵 엘스?

디저트는 무엇으로 하시겠습니까?
What would you like to have for dessert?
왓 우 쥬 라익 투 해브 포 디저트?

여성복 매장은 몇 층에 있나요?
**Which floor is women's wear on?**
위치 플로어 이스 위민스 웨어 온?

이 근처에 면세점이 있나요?
**Is there a duty-free shop around here?**
이스 데얼 어 듀리-프리 샵 어라운드 히어?

전자제품을 어디서 살 수 있어요?
**Where can I buy electronic goods?**
웨어 캔 아이 바이 일렉트로닉 굿즈?

찾으시는 물건 있으세요?
**May I help you?**
메 아이 헬프 유?

그냥 구경하고 있어요.
**I'm just looking around.**
아임 저스트 룩킹 어라운드.

여자 친구에게 선물할 목걸이를 찾고 있어요.
**I'm looking for a necklace for my girl friend.**
아임 룩킹 포 러 넥클레이스 포 마이 걸프렌드.

저쪽에 저것 좀 보여주시겠어요?
**Could you show me that one there, please?**
쿠 쥬 쇼우 미 댓 원 데어, 플리즈?

| 옷 사이즈 조견표 | | | |
|---|---|---|---|
| Korea | Italy | UK | US |
| 44 | 36 | 6-8 | 0-2 |
| 55 | 38-40 | 8-10 | 4-6 |
| 66 | 42-44 | 12-14 | 8-10 |
| 77 | 46-48 | 16-18 | 12-14 |
| 88 | 50-52 | 20-22 | 16-18 |

| 신발 사이즈 조견표 | | | |
|---|---|---|---|
| Korea | Italy | UK | US |
| 230 | 36.5 | 4 | 6 |
| 235 | 37 | 4.5 | 6.5 |
| 240 | 38 | 5 | 7 |
| 245 | 38.5 | 5.5 | 7.5 |
| 250 | 39 | 6 | 8 |
| 255 | 39.5 | 6.5 | 8.5 |
| 260 | 40 | 7 | 9 |
| 265 | 40.5 | 7.5 | 9.5 |
| 270 | 41 | 8 | 10 |
| 275 | 41.5 | 8.5 | 11.5 |

이거 5사이즈 있어요?
**Have you got this in size 5?**
해 뷰 갓 디스 인 사이즈 화이브?

다른 것 좀 보여주시겠어요?
**Could you show me another one, please?**
쿠 쥬 쑈 미 어나더 원, 플리즈?

면세품인가요?
**Is it tax-free?**
이즈 잇 택스 프리?

이 향수 좀 보여주시겠어요?
**Would you show me this perfume?**
우 쥬 쑈 미 디스 퍼퓸?

품질이 더 좋은 것 있어요?
**Do you have something better quality?**
두 유 해브 썸띵 베러 퀄리리?

입어 봐도 되나요?
**Can I try this on?**
캔 아이 트라이 디스 온?

탈의실이 어디죠?
**Where is the fitting room?**
웨어 이스 더 휘링 룸?

너무 꽉 끼는데요.
**It's too tight for me.**
이츠 투 타잇 포 미.

어떤 종류의 색상이 있나요?
**What kind of colors do you have?**
왓 카인드 오브 컬러스 두 유 해브?

이거 재질이 뭐죠?
**What's it made of?**
왓츠 잇 매이드 오브?

# 긴급 상황

## ■분실 · 도난

분실물 취급소가 어디죠?
**Where is the lost and found?**
웨어 이스 더 로스트 앤 화운드?

여권을 잃어버렸어요.
**I lost my passport.**
아이 로스트 마이 패스포트.

제 카메라를 잃어버렸어요.
**I lost my camera.**
아이 로스트 마이 캐머라.

가방을 버스에 두고 내렸어요.
**I left my bag on the bus.**
아이 레프트 마이 백 온 더 버스.

어디서 잃어버렸는지 모르겠어요.
**I don't know where I lost it.**
아이 돈 노 웨얼 아이 로스트 잇.

만약 찾으시면 이 번호로 전화주세요.
**Please, call me at this number if you find it.**
플리즈, 콜 미 앳 디스 넘버 이프 유 파인드 잇.

도둑이야! 저놈 잡아라!
**Thief! Get him!**
띠프! 겟 힘!

누가 제 가방을 빼앗아갔어요.
**Someone took my bag.**
썸원 툭 마이 백.

제 시계를 도난당했어요.
**I had my watch stolen.**
아이 해드 마이 왓치 스톨른.

어젯밤 제 방에 도둑이 들었어요.
**Someone broke into my room last night.**
썸원 브로크 인투 마이 룸 라스트 나잇.

## ■교통사고

누가 경찰 좀 불러주세요!
**Somebody call the police!**
썸바리 콜 더 폴리스!

위급 상황이에요.
**It's an emergency!**
잇츠 언 이멀젼씨!

구급차를 불러주세요.
**I need an ambulance.**
아이 니드 언 엠뷸런스.

교통사고가 났어요.
**There's been a car accident.**
데얼스 빈 어 카 액시던트.

교통사고를 당했어요.
I was in a car accident.
아이 워스 인 어 카 액시던트.

여기 부상당한 사람이 있어요.
There's an injured person here.
데얼스 언 인줘어드 펄슨 히어.

부상 상태가 어떤가요?
Tell me the healing of your injury?
텔 미 더 힐링 오브 유얼 인줘리?

출혈이 심합니다.
He is bleeding badly.
히 이스 블리딩 배드리.

의식이 없어요.
He is unconcious.
히 이스 언컨셔스.

숨을 못 쉬겠어요.
I can't breathe.
아이 캔트 브레뜨.

■ **병원에서**

제 친구에게 응급처치를 해주시겠어요?
Could you apply first aid to my friend, please?
쿠 쥬 어플라이 퍼스트 에이드 투 마이 프렌드, 플리즈?

보험에 가입되어 있나요?
Do you have insurance?
두 유 해브 인슈어런스?

여행자 보험이 있어요.
I have traveler's insurance.
아이 해브 트뤠블러스 인슈어런스.

진찰을 받고 싶은데요.
I need to see a doctor.
아이 니드 투 씨 어 닥터.

여기 한국어를 하는 의사가 있나요?
Is there a Korean-speaking doctor here?
이스 데얼 어 코리안-스피킹 닥터 히어?

어디가 이상하시죠?
What seems to be the problem?
왓 씸스 투 비 더 프라블럼?

증상이 어떻습니까?
What are your symptoms?
왓 아 유어 씸텀스?

그가 다리 위에서 떨어졌어요.
He fell down from the bridge.
히 펠 다운 프롬 더 브릿지.

그가 기절했어요.
He fainted.
히 페인티드.

제 친구가 자동차에 치였어요.
A car ran over my friend.
어 카 랜 오버 마이 프렌드.

몸이 아파요.
I feel sick.
아이 필 씩.

감기에 걸린 것 같아요.
I think I've got a cold.
아이 띵크 아이브 갓 어 콜드.

열이 있어요.
I have a fever.
아이 해브 어 피버.

두통이 있어요.
I have a headache.
아이 해브 어 헤드에익.

설사를 해요.
I've got the runs.
아이브 갓 더 런스.

기침이 멈추질 않아요.
I can't stop coughing.
아이 캔트 스탑 커휭.

계속 구토를 해요.
I keep throwing up.
아이 킵 쓰로윙 업.

여기가 아파요.
I feel pain here.
아이 필 페인 히어.

뭐가 잘못된 거죠?
What's wrong with me?
왓츠 롱 워드 미?

식중독인 것 같네요.
Looks like you've got food poisoning.
룩스 라이크 유브 갓 푸드 포이져닝.

## ■ 약국에서

아스피린 있어요?
Can I have some aspirin?
캔 아이 해브 썸 애스퍼륀?

몸이 안 좋아요.
I don't feel well.
아이 돈 필 웰.

반창고 좀 주세요.
I need some band-aids, please.
아이 니드 썸 밴드-애이즈, 플리즈.

진통제 있어요?
Do you have painkillers?
두 유 해브 패인-킬러스?

안약 좀 주세요.
Can I have eye-drops, please?
캔 아이 해브 아이-드랍스, 플리즈.

소화불량에 어떤 약을 먹어야 하나요?
What should I get for indigestion?
왓 슈드 아이 겟 포 인디제션?

이 처방전대로 조제해주세요.
Could I get this prescription filled?
쿠드 아이 겟 디스 프뤼스크립션 휠드?

여기 처방전이 있어요.
Here's the prescription.
히얼스 더 프뤼스크립션.

처방전 없인 판매할 수 없습니다.
I can't sell this without a prescription.
아이 캔트 쎌 디스 위다웃 어 프뤼스크립션.

이걸 복용하시면 통증이 완화될 것입니다.
If you take this pill, it will ease your pain.
이프 유 테이크 디스 필 잇 윌 이즈 유얼 페인.

이 약을 어떻게 복용하죠?
How do I take this medicine?
하우 두 아이 테익 디스 메디씬?

얼마나 자주 복용해야 하나요?
How often do I take this pill?
하우 오픈 두 아이 테익 디스 필?

하루에 몇 알을 복용해야 하나요?
How many tablets should I take a day?
하우 매니 타블릿츠 슈드 아이 테이크 어 데이?

식사 전에 복용해야 하나요?
Should I take it before eating?
슈드 아이 테이크 잇 비포어 이링?

부작용은 없나요?
Are there any side effects?
아 데어 애니 사이드 이풱츠?

알레르기 있으세요?
Do you have any allergies?
두 유 해브 애니 알러지스?

이게 고통을 완화시켜줄 것입니다.
This will relieve your pain.
디스 윌 륄리브 유어 패인.

얼마 동안이나 안정을 취해야 하나요?
How long do I have to stay at home?
하우 롱 두 아이 해브 투 스태이 앳 홈?

여행을 잠시 멈춰야만 하나요?
Do I have to stop traveling for a while?
두 아이 해브 투 스탑 트뤠블링 포 러 와일?

지금은 한결 나아졌어요.
I feel much better now.
아이 필 머취 베러 나우.

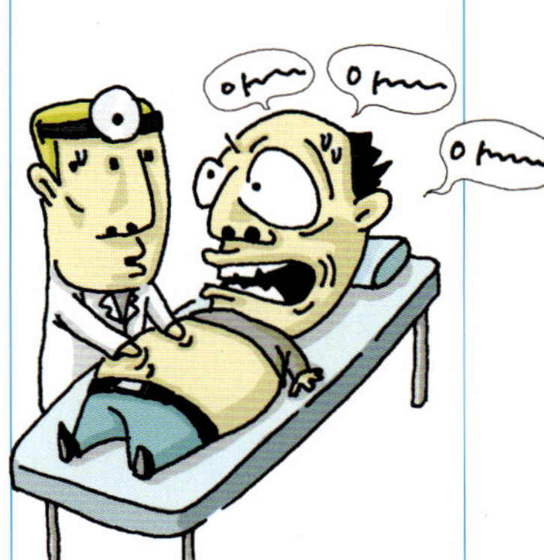

- **초판 인쇄일** _ 2008년 3월 20일
  **초판 발행일** _ 2008년 3월 28일
  **발행인** _ 박정모
  **발행처** _ 도서출판 혜지원
  **주소** _ 서울시 동대문구 장안 1동 420-3호
  **전화** _ 영업부 02)2212-1227, 2213-1227
  **전화** _ 편집부 02)2249-7975
  **팩스** _ 02)2247-1227
  **홈페이지** _ http://www.hyejiwon.co.kr
- **지은이** _ MOOK 편집실
  **기획 · 진행** _ 강은혜
  **디자인, 본문편집** _ 지미숙
  **표지디자인** _ 김경미
  **영업마케팅** _ 김승헌, 김남권, 고광수, 서지영
  **ISBN** _ 978-89-8379-542-7
  　　　　978-89-8379-539-7 (세트)
  **정가** _ 7,800원

# 인 | 터 | 콜 | G | I | F | T | 쿠 | 폰

## 무료통화이용권 (콜렉트콜)

# 3,000원

• 외국에서 한국으로 전화시 착신번호마다 매월 1,000원씩
  무료로 통화하실 수 있습니다! (3개번호)

---

## 우리은행 환율우대

쿠폰 NO.US GA **135248**

# 50%

• 본 쿠폰은 다른 우대서비스와 중복하여 사용 할 수 없으며,
  우대율은 은행 사정에 따라 조정될 수 있습니다.
• 유효기간 : ~ 2008년 12월 31까지
• 우대 내용 후면 참조

※ 단, 미화기준으로 500달러 미만은 30% 할인

---

## 출국 준비물 위드공구 할인쿠폰

NO. W214619−1948

Discount Coupon # 10~5%

• 본 쿠폰은 1인 1회에 한하여 사용 가능합니다.
• 본 쿠폰은 다른 쿠폰과 중복하여 사용하실 수 없습니다.
• 일부 품목은 할인에서 제외될 수 있습니다. www.with09.net

---

## 공항고속/센트럴시티 리무진 버스 할인권

NO. **903921**

Limousine Bus Discount Coupon

# 2,000 원 할인권(1회)

• 유효기간 : ~ 2008년 12월 31일까지
• 홈페이지 : www.samhwaexpress.com

• 승차권 구입장소 및 이용방법 후면 참조
  www.centralcityseoul.co.kr

---

## 공항고속/센트럴시티 리무진 버스 할인권

NO. **903921**

Limousine Bus Discount Coupon

# 2,000 원 할인권(1회)

• 유효기간 : ~ 2008년 12월 31일까지
• 홈페이지 : www.samhwaexpress.com

• 승차권 구입장소 및 이용방법 후면 참조
  www.centralcityseoul.co.kr